# 基于农业水文过程的河套灌区干排盐系统优化模式研究

周慧　张文聪　郭珈玮　路畅　著

中国水利水电出版社
www.waterpub.com.cn
·北京·

## 内 容 提 要

　　土壤盐渍化问题是影响河套灌区农业可持续发展的主要因素，加之近年来限制性引水政策和节水改造工程的持续推行，灌区农业水文过程发生了显著变化。引排水量的减少以及灌排系统不配套导致引入的盐分无法顺利排出，大量盐分滞留在灌区内部并主要在耕地和荒地之间重分布。本书选取河套灌区典型灌排单元为研究对象，在明晰农业水文过程的基础上优化干排盐系统，即科学配置耕地与荒地规模布局，使区域内部累积的盐分合理分布，旨在为节水控盐背景下灌区土壤盐渍化治理提供科学依据及新途径。

　　本书可供水利、农学、土壤专业的本科生、研究生及从事相应专业的科研、教学和工程技术人员参考。

**图书在版编目（CIP）数据**

基于农业水文过程的河套灌区干排盐系统优化模式研究 / 周慧等著. -- 北京 ： 中国水利水电出版社，2024.9. -- ISBN 978-7-5226-2806-6

Ⅰ．S156.4

中国国家版本馆CIP数据核字第2024BS8536号

| | | |
|---|---|---|
| 书　　名 | 基于农业水文过程的河套灌区干排盐系统优化模式研究 JIYU NONGYE SHUIWEN GUOCHENG DE HETAO GUANQU GANPAIYAN XITONG YOUHUA MOSHI YANJIU | |
| 作　　者 | 周　慧　张文聪　郭珈玮　路　畅　著 | |
| 出版发行 | 中国水利水电出版社 （北京市海淀区玉渊潭南路 1 号 D 座　100038） 网址：www. waterpub. com. cn E - mail：sales@mwr. gov. cn 电话：（010）68545888（营销中心） | |
| 经　　售 | 北京科水图书销售有限公司 电话：（010）68545874、63202643 全国各地新华书店和相关出版物销售网点 | |
| 排　　版 | 中国水利水电出版社微机排版中心 | |
| 印　　刷 | 北京中献拓方科技发展有限公司 | |
| 规　　格 | 184mm×260mm　16 开本　8.25 印张　201 千字 | |
| 版　　次 | 2024 年 9 月第 1 版　2024 年 9 月第 1 次印刷 | |
| 印　　数 | 001—300 册 | |
| 定　　价 | **58.00 元** | |

# 编　委　会

# 前　言

　　内蒙古河套灌区位于干旱半干旱地区，是亚洲最大的一首制灌区和全国三个特大型灌区之一，也是我国和内蒙古自治区重要的粮食生产基地和生态灌区建设区域。从 20 世纪 90 年代开始，河套灌区通过节水灌溉技术的创新、实践和规模化应用，克服了资源禀赋的不足，充分发挥了自身的农业生产特色。但由于降水少，蒸发强烈，土壤中含有大量的可溶盐，地下水矿化度高，尤其是强烈的蒸发影响，使土壤以及地下水中的可溶盐随着包气带水上升积聚于土壤表层，导致土壤盐渍化严重。据统计，河套灌区耕地面积为 57.4 万 $hm^2$，其中盐碱地面积为 20.9 万 $hm^2$。

　　随着国家持续推进大型灌区节水改造工程，河套灌区引黄水量还会进一步缩减，根据《黄河内蒙古河套灌区续建配套与节水改造规划报告》（发改农经〔2003〕766 号），灌区节水改造后，引黄水量应小于 40 亿 $m^3$，需要减少约 20%。灌区排水量随着引水量的减少也会随之减少，仅为 2 亿～3 亿 $m^3$，显著减少约 50%。灌区土壤和地下水系统发生了巨大变化，多年形成的地下水平衡和水盐平衡体系被打破，灌区生态环境出现了许多新的问题，厘清节水新形势下的灌区农业水文过程显得尤为重要。

　　由于地势平坦，河套灌区自然排水条件相对不利，在水资源约束背景下，依靠灌溉淋洗实现排水排盐、减轻灌区土壤盐渍化尤为困难。大量盐分被滞留在灌区内无法排出，只能在灌区内部进行再分配，这一过程主要在耕地和荒地间进行。河套灌区内部的土地类型较多且分布复杂，耕地和荒地插花式分布在灌区内部盐分的合理存储及迁移方面发挥了关键作用，这也是今后灌区土壤盐渍化控制的主要途径，盐分在灌区内部存储及迁移关系到现代灌区建设及可持续发展。因此从水土资源合理配置的角度出发，配套并优化服务于耕地生产、荒地排盐的干排盐系统是更具经济性和时效性的土壤盐渍化治理方法。选取河套灌区典型区域，分析土壤及地下水的水盐时空动态，明晰土壤水盐的重分布路径，合理优化干排盐系统，科学配置耕地和荒地的规模与空间布局，完善节水控盐条件下的干排盐系统配置优化理论，可为河套灌区及相近地区的土壤盐渍化防治和农业可持续发展提供理论和技术支持。

本书涉及农田水利学、土壤学、生态环境等多学科，可供各专业的本科生、研究生及相关科研人员及技术人员参考。

本书由周慧、张文聪、郭珈玮等撰写，最终由周慧完成统稿。刘虎、李红芳、董雷、王奇等参与了研究工作。

由于本书涉及多学科交叉的内容，书中可能存在错误，不足之处敬请批评指正。

**作者**

2024 年 5 月

# 目 录

前言

第1章　概述 ················································································· 1
　1.1　研究背景及意义 ································································ 1
　1.2　国内外研究进展 ································································ 2
　1.3　研究内容与方法 ······························································ 11
　1.4　技术路线 ········································································· 12

第2章　研究区概况 ······································································ 13
　2.1　河套灌区概况 ·································································· 13
　2.2　典型斗渠灌排单元概况 ···················································· 16
　2.3　试验设计及资料收集 ······················································ 18

第3章　河套灌区典型斗渠灌排单元土壤水-地下水动态及转化关系研究 ········ 23
　3.1　材料与方法 ····································································· 23
　3.2　结果与分析 ····································································· 24
　3.3　讨论 ·············································································· 32
　3.4　本章小结 ········································································ 33

第4章　不同盐分阈值条件下典型斗渠灌排单元土壤盐渍化风险评价 ············ 34
　4.1　材料与方法 ····································································· 34
　4.2　结果与分析 ····································································· 35
　4.3　讨论 ·············································································· 45
　4.4　本章小结 ········································································ 46

第5章　土壤盐渍化影响因素分析 ····················································· 47
　5.1　分析方法 ········································································ 47
　5.2　灰色关联度分析 ······························································ 48
　5.3　BP神经网络的建立与分析 ················································ 52
　5.4　本章小结 ········································································ 53

第6章　耕地和荒地水盐均衡分析 ····················································· 54
　6.1　耕地和荒地水分运移平衡 ················································· 54
　6.2　耕地和荒地盐分运移平衡 ················································· 58

6.3　本章小结 ················································································· 61

**第 7 章　河套灌区典型斗渠灌排单元灌溉水耗散及土壤水盐重分布研究** ············· 63

7.1　水均衡模型的建立与验证 ······························································ 63

7.2　总体水均衡分析 ········································································· 65

7.3　讨论 ······················································································· 69

7.4　本章小结 ················································································· 71

**第 8 章　限制引水条件下河套灌区典型斗渠灌排单元干排盐效果分析** ············· 72

8.1　材料与方法 ··············································································· 72

8.2　结果与分析 ··············································································· 73

8.3　讨论 ······················································································· 79

8.4　本章小结 ················································································· 80

**第 9 章　基于 SahysMod 模型的不同灌排管理土壤水盐动态模拟** ··············· 81

9.1　SahysMod 模型基本原理 ······························································ 81

9.2　SahysMod 模型建立 ···································································· 84

9.3　SahysMod 模型率定与验证 ···························································· 87

9.4　不同情景下土壤水盐模拟预测 ························································· 90

9.5　讨论 ······················································································· 96

9.6　本章小结 ················································································· 96

**第 10 章　基于 SahysMod 模型的典型斗渠灌排单元干排盐系统优化配置研究** ···· 98

10.1　干排盐系统情景方案设置 ···························································· 98

10.2　模拟结果分析评价 ····································································· 102

10.3　讨论 ····················································································· 107

10.4　本章小结 ··············································································· 108

**第 11 章　结论与展望** ········································································· 110

11.1　主要结论 ··············································································· 110

11.2　主要创新点 ············································································· 111

11.3　不足与展望 ············································································· 112

参考文献 ·························································································· 113

# 第1章 概　述

## 1.1　研究背景及意义

水是生命的源泉，是生产之要、生态之基，关乎人类生存、经济和社会的发展，是现代农业发展不可或缺的第一要务。但是，水资源供需矛盾目前仍是农业可持续发展的主要障碍因子[1]。根据 2020 年发布的《中国水资源公报》，全国用水总量达到 5812.9 亿 m³，水资源利用和水资源配置均有所改善，其中农业用水占全国用水总量的 62.1%，达到了 3612.4 亿 m³。耕地的实际平均每亩（1 亩 ≈ 666.7m²）用水量为 356m³，农田灌溉水有效利用率为 0.565。农业用水具有很大的节水潜能，推行节水灌溉，规范水资源管理，是创建节水型社会的关键，也是缓解水资源短缺局面的重要战略措施[2]。

内蒙古河套灌区地处黄河中上游，是我国西部土地整治和生态灌区建设的重点区域，也是重要的粮食生产基地[3]。自 21 世纪以来，河套灌区大力推行了节水改造工程，其中包括压缩引黄水量、对各级渠道进行衬砌、实施土地平整工程、推广节水灌溉技术等[4]，以保障灌区农业和生态系统可持续发展。但长期的引黄灌溉和渠系水渗漏导致灌区地下水埋深较浅[5]，加之灌排系统不完善、水资源短缺及不合理利用，灌区土壤次生盐渍化严重[6]。据统计，河套灌区耕地面积为 50.7 万 hm²，其中盐碱地面积为 20.9 万 hm²[7]。

随着节水改造工程的持续推进，河套灌区引黄水量还会进一步缩减，根据黄河水利委员会指令性节水政策，灌区引黄水量从年均 52 亿 m³ 缩减至 40 亿 m³，需要减少 20% 以上[8]。随着灌区引水量的减少，排水量也随之减少，年均排水量仅为 2 亿～3 亿 m³，显著减少约 50%[9]。灌区土壤和地下水环境发生了明显的改变，水盐平衡的打破使得灌区农业水文过程也发生了变化，厘清节水新形势下的灌区农业水文过程显得尤为重要。

众多学者从土地整治[10]、生化措施[11]、高效节水[12]、耐盐作物选种[13] 等方面对河套灌区土壤盐渍化防治开展研究，但土壤盐渍化防治的核心还是要以水为中心展开。河套灌区地势平坦，自然排水条件较为不利，加之水资源的约束，依靠传统的灌溉淋洗实现排水排盐、减轻灌区土壤盐渍化显得较为困难[14]。大量盐分滞留灌区内部，在不同地类（耕地、荒地、沙丘、海子等）之间进行着再分配[15]，而这一过程主要发生在耕地与荒地之间。灌区内部复杂的种植结构，耕地与荒地插花式的分布特点在灌区内部盐分的合理存储及迁移方面发挥了关键作用，这也是目前灌区控制土壤盐分的一个重要途径。总的来讲，河套灌区的土壤盐渍化不仅由于灌溉排水系统不健全，而且因为存在水盐不耦合的问题，问题核心是困扰河套灌区乃至整个黄河流域水资源开发利用的复杂土地利用条件下的引、耗、排水过程及耕地与排盐空间不配套[16]。厘清限制引水背景下的农业水文过程，从水土资源合理配置的角度出发，配套并优化服务于耕地生产、荒地排盐的干排盐系统是更具经济性和时效性的土壤盐渍化治理方法。本书以河套灌区解放闸灌域内的典型斗渠灌排单元为研究对象，对土壤及地下水的水盐动态进行时空分析，明晰灌溉水耗散路径和盐分的迁移规律，进行合理的干排盐系统优化，科学配置耕地和荒地的规模与空间布局，完善节水控盐条件下的干排盐系统配置优化理论。研究成果可为河套灌区及相近地区的土壤盐渍化防治和农业可持续发展提供理论和技术支持。

## 1.2　国内外研究进展

### 1.2.1　土壤盐渍化演变及研究方法

#### 1.2.1.1　土壤盐渍化演变特征及影响因素

可溶盐在土壤表面积聚并导致盐分不断升高的现象称为土壤盐渍化[17]。土壤盐渍化问题在蒸发强烈且地下水埋深较浅的干旱、半干旱地区表现得尤为突出[18]。我国盐渍化土地总面积约为 9910 万 hm$^2$，其中盐渍化耕地面积约为 760 万 hm$^2$ [19]，严重威胁到我国农业生态及水土资源安全。分析土壤盐渍化的成因、演变特征及影响因素，掌握土壤盐分时空动态，可为制定土壤盐渍化调控措施提供科学依据[20]。

土壤盐渍化是自然和人为因素共同作用的结果，其发生和发展的过程较为复杂[21]，受气候特征、地形地势、土壤条件、地下水环境、灌排管理、植被覆盖、人为活动等因素的综合影响[22]。针对土壤盐渍化及其影响因素，国内外学者采用数理统计、地统计学、数值模型模拟等方法，从多个角度开展相关研究。例如，地下水埋深是土壤盐渍化的主要驱动和影响因子，地下水埋深越浅，土壤盐渍化发生的潜在风险越高[23]。管孝艳等[24]以河套灌区沙壕渠灌域作为研究对象，分析土壤盐分与地下水之间的关系，结果表明，土壤盐分随地下水埋深的增大而减小，两者间满足指数关系。但由于地下水埋深对土壤的返盐存在一定的滞后作用，只有当地下水埋深小于临界埋深且持续一段时间后，才可能导致土壤盐渍化[25]。灌溉水水质是灌区盐渍化形成的基础，对土壤盐分和作物产量等也会产生影响，逄焕成等在黄淮海平原进行的小区定位研究试验表明，经过 2 年的微咸水补充灌溉，土壤未出现积盐现象，与淡水灌溉相比，在麦秸覆盖条件下，微咸水灌溉的作物产量没有出现显著差异[26]。Wang et al.[27] 探明了灌溉水量、灌水水质、灌排管理会对冬小麦水分生产率及土壤盐分产生一定的影响。余根坚[28] 选取河套灌区沙壕渠灌域典型田块，基于 Hydrus 模型模拟分析不同灌水模式下土壤剖面水盐分布特征及运移特性，研究表明，生育期内，沟灌模式下的土壤盐分均值比畦灌低 24.4%，沟灌能有效控制土壤盐分的积累。而灌溉和排水系统不配套、对排水沟管理不当甚至有灌无排等都会在不同程度上加剧灌区盐碱化的形成。明沟排水[29] 及暗管排水[30] 对于土壤盐分、地下水、区域积脱盐等会产生不同程度的影响。

#### 1.2.1.2　土壤盐渍化动态研究方法

20 世纪 50 年代，D. G. Krige 首次提出地统计学的概念，60 年代，Matheron G. 在 D. G. Krige 研究的基础上，创立了一门适合研究随机变量空间结构性的学科[31]，成为分析区域水盐空间分布规律及动态变化的重要方法[32]。到 20 世纪 70 年代，地统计学开始应用于土壤学科[33]，到了 80 年代末期，地统计学开始用于土壤盐渍化研究[34]，国内利用地统计学进行土壤盐渍化研究起步相对较晚。

块金值、基台值和变程可以用来描述变量的结构和随机特性[35]。克里金（Kriging）法是利用数据的空间结构性，对采样区域进行插值，以描述其特征值空间分布的空间插值方法[36]。其中以普通 Kriging 法、协同 Kriging 法和反距离加权插值最为常用，根据插值方法的优缺点、研究区特征、研究目的、数据特点等，可以对插值方法进行自由选择，选择合适的插值方法是精准描述区域土壤水盐动态的基础。

吴春发[37] 指出，普通 Kriging 法具有平滑效应，容易将预测值偏移向均值或中值方向，因此其预测结果很难清晰地反映局部的变异特性；Martínez - Murillo et al.[38] 的研究表明，协同 Kriging 法可以更加精确地反映出土壤含盐量；Hengl et al.[39] 则指出，相比普通 Kriging 法，回归 Kriging 法能更好地预测土壤盐分空间分布；反距离加权插值能够更加直观地反映区域和局部的变化趋势[40]，史海滨等[41] 将其应用在河套灌区沈乌灌域，评价节水改造后因地下水埋深变化造成的土壤盐分重分布情况，但该方法需要足够多的样本数据，且在分析过程中也出现因土壤盐分数据中存在较大的特异值而影响函数稳健性的问题；管孝艳等[24] 和窦旭等[42] 成功运用普通 Kriging 法分别分析了河套灌区沙壕渠灌域和乌拉特灌域典型区域土壤盐分的时空动态变化；王国帅等[43] 针对其研究区内耕地、荒地土壤盐分存在明显逐渐增高的趋势，考虑到较强的空间趋势效应，采用泛 Kriging 法进行区域盐分估值。

### 1.2.1.3 指示 Kriging 法研究进展

指示 Kriging 法可以在不去掉特异值的情况下进行合理的不确定性估计[44]，还可以解决生态学、地理学、环境科学等领域的诸多问题[45]。河套灌区地下水埋深较浅[46]，家庭联产承包责任制和传统的耕作方式使得灌区土地集约化程度低，土地利用细碎化，作物种植呈插花式分布[47]，作物生育期内各类人为耕作、灌排活动等，这些因素都使得河套灌区土壤盐分的变异性较强且较难反映，其中存在的真实且重要的特异值在一定程度上会影响 Kriging 法的插值精度[48]，选用指示 Kriging 法可以估计符合特定阈值条件下的指示变量概率，据此来绘制盐渍化风险分布图。因此指示 Kriging 法是刻画区域化变量空间结构，反映土壤盐渍化风险更好的选择。

有关指示 Kriging 法的研究与应用，国内外众多学者取得了丰富的研究成果[49-63]。国外学者主要将指示 Kriging 法应用于地下水污染[49]、土壤重金属污染风险评价[50-52]、土壤质量评价[53-54] 等方面；国内应用指示 Kriging 法进行土壤盐渍化风险的研究较为丰富，例如在黄河三角洲典型地区，姚荣江等[55] 利用单元和多元指示 Kriging 法，对不符合正态分布且存在特异值的土壤盐分进行了空间变异性分析，获得了较为稳健的变异函数，绘制出两个不同时期土壤含盐量符合阈值条件的概率图；在盐渍化问题较为突出的山东省禹城地区，杨奇勇等[56] 指出，盐分指示阈值不同，变异函数的结构特征、模型精度和预测概率的大小及空间分布会受到不同程度的影响，同时在县级和镇级两个不同尺度上，基于指示 Kriging 法分析了耕层土壤盐分的空间变异性，研究表明，随着区域尺度的增大，空间自相关性增强，结构性因素影响增强，随机因素影响随之减弱，土壤盐渍化的风险减小[57-58]；针对盐分和有机质这两个农业生产发展的主要障碍因子，运用多元指示 Kriging 法将两者整合成一个综合指标并给出满足一定条件的概率风险评价[59]，相关研究均可为禹城地区土壤资源的可持续利用提供理论依据；在环渤海低平原地区，周在明等[60] 采用单元与多元指示 Kriging 法分别对地下水矿化度、地下水埋深和土壤含盐量进行了分析，获得了较为稳健的变异函数和特定阈值条件下的风险概率分布图，较之单元指示 Kriging 法，多元指示 Kriging 法的指示信息更具有指导意义；在内蒙古河套灌区，徐英等[61] 利用指示 Kriging 法对盐渍化地区特定时期的土壤水盐特征进行了空间分布分析和农业水土资源质量评价，对比了不同指示阈值条件下地下水埋深和土壤表层含盐量的概率分布图，对土壤盐渍化与地下水埋深之间的关系进行了概率的空间分配，使该领域的研究范围从传统的农田尺度扩展到了灌域尺度；刘全明等[62] 指出，指示 Kriging 法比反距离加权平均插值法具有更好的估值效果，在一定程度上能改进普通 Kriging 法的平滑效应；李仙岳等[63] 采用指示 Kriging 法，对春灌前和生育期不同阈值的土壤表层含盐量、地下水埋深和矿化度的概率分布进行了对比分析，并从概率空间上分析了不同时期地下水控制土壤盐渍化的临界埋深和矿化度。相关研究都肯定了指示 Kriging 法在土壤盐分变异性强地区土壤盐渍化风险分析评价上的优势，指示 Kriging 法可为区域土地资源管理利用和合理调节地下水资源，防治盐渍化问题提供理论依据和参考。

### 1.2.2　农业水文过程研究

正确认识农业水文过程是农业水资源管理的重要依据，不同尺度的农业水文过程关注的重点也不相同，在农田尺度上，主要以土壤水-地下水关系为中心，以提高灌溉水利用效率为主要目的，对降水及灌溉水入渗、根区耗水、土壤水重分布及与地下水的补给关系、蒸发蒸腾和热量溶质的迁移转化等机理过程进行探讨和研究[64]。在灌区尺度上，关注点更加宏观，重点是灌排活动对灌区内部水分消耗与重分布、灌区生产力和生态环境的影响[65]。随着研究尺度的变大，即从土壤剖面尺度到农田尺度，再拓展至区域尺度乃至灌区尺度，对系统内部水分动态的变化及互馈机制更加关注[66]。

#### 1.2.2.1　农田尺度农业水文过程研究

农田尺度的农业水文过程研究以土壤水和溶质运移转化为中心，强调农田水盐动态[67]。国内外学者基于田间试验和模型模拟两种方法进行试验监测，深入探究了农田尺度的水文过程，发展和完善了腾发入渗、溶质运移、田间排水、作物生长等水分循环各要素的理论和模型[68]。借助仪器设备进行试验，对相关要素进行监测，这是最基础的验证方法，缺点是耗时耗力，有一定的人力、设备成本[69]。一般受限于试验条件，实现连续监测的难度较大。采用模型进行模拟是在试验监测的基础上，运用模型预测及模拟其水文循环过程[70]。目前研究者往往通过试验观测和模型模拟相结合的方法来探讨研究并验证水文循环规律[71]。

模型主要分为概念性的土壤水量均衡模型和基于动力学机制的土壤水流数值模型[72]，在此基础上建立的模型有 ISAREG 模型、SIMDualKc 模型、DrainMod 模型、SaltMod 模型等，此类模型的优点是结构简单，所需参数相对较少，运行稳定性较好，在灌溉管理中较为实用，被广泛应用于农田水资源转化研究[73]，发展至今，已经成为集土壤水盐和作物生长模拟与灌溉决策为一体的多功能模型[74]。例如，Fortes et al.[75] 将 ISAREG 模型运用于乌兹别克斯坦锡尔河盆地灌溉管理优化，与地理信息系统（geographic information system，GIS）耦合成 GISAREG 模型，模拟不同水资源管理场景，确定出节水控盐的方案，实现了长时间序列的预测；朱丽等[76] 利用 ISAREG 模型对内蒙古河套灌区小麦玉米间作条件下的作物系数进行了模拟，提出了灌溉优化措施；Jia et al.[77] 在西辽河平原，将 SIMDualKc 模型运用于地膜覆盖及滴灌条件下的玉米蒸发模拟，模型模拟结果较好；Zhang et al.[78] 成功运用 SIMDualKc 模型对河套灌区覆膜滴灌和盆灌条件下番茄田间试验数据进行率定验证，取得较好的模拟效果。上述模型在制定和优化灌溉制度上取得了很好的效果，缺点是物理机制不清，对土壤剖面和水盐运移过程过度概化，难以刻画土壤剖面的具体细节运动[79]。

DrainMod、SaltMod 等模型描述的是田块整体的水盐运移情况[80]，在局部细节的刻画上相对欠缺，较为适用于土壤质地均一和田间管理措施较为一致的区域[81]。例如，Hawary et al.[82] 在埃及东北部的两个试验区，利用收集的数据成功校准和验证了 DrainMod – N Ⅱ模型，通过比较模拟和监测的排水管流量和地下排水管中的硝酸盐-氮损失，对模型模拟结果进行了统计评估，研究表明，试验与数值计算的比较吻合，排水率和氮淋失的平均绝对偏差值都很低，模型能够模拟埃及新开垦农田的氮损失；罗纨等[83] 针对农田排水造成黄河及其周边地表水域污染的问题，应用 DrainMod 模型，对宁夏银南灌区农田的排水过程进行了数值模拟，结果显示，模拟的农沟排水量和实测数据非常接近，年排水量误差只有 0.4%，应用此模型能较好地反映农田水文变化，并能预测灌区的长期运行；Tian et al.[84] 在美国北卡罗来纳州沿海平原进行了 8 年的试验监测，利用排水和地下水位成功校准和验证了 DrainMod – FORE 模型后预测腾发量的准确性，结果显示，该模型可以准确地预测年度和月度腾发量，并分析影响腾发量的关键因素和机制；窦旭[85] 以河套灌区乌拉特灌域典型盐渍化田块为研究对象，运用 DrainMod 模型明确暗管排水与传统明沟排水的水盐运移规律，对比盐渍化土壤改良效果，分析排水量和水质变化规律，为节水控盐、精准灌溉与排水排盐调控技术提供理论基础和科学依据。

陈艳梅等[86-87] 基于 SaltMod 模型，以河套灌区沙壕渠为研究对象，分析不同灌溉制度和灌溉水矿化度条件下作物根区土壤盐分动态变化，研究表明，根据作物种植结构，综合考虑节水灌溉、作物产量和根区土壤水盐环境，推荐较优的生育期净灌溉定额为 $2700\sim3500\text{m}^3/\text{hm}^2$，加深排水沟、提高渠道衬砌水平、地下微咸水和黄河水混合灌溉可有效控制盐渍化的发展；Mao et al.[88] 将率定及验证后的 SaltMod 模型应用于河套灌区隆盛试验区，使用交换通量作为附加的质量平衡项来计算渠灌区和井灌区的质量平衡，成功模拟了井渠双灌条件下未来 100 年根区土壤盐分和地下水位的动态变化，预测结果表明，井灌区根区表现出轻微土壤盐渍化趋势，渠灌区土壤根区土壤盐渍化逐渐减轻，盐分主要集中于井灌区和渠灌区的含水层，根区的盐分积累量较小，对农业可持续生产的影响较小，在现状灌溉模式下可实现长期发展；Eishoeei et al.[89] 基于伊朗乌尔米亚湖西侧监测的试验数据，利用 SaltMod 模型预测未来 10 年根区和过渡区的土壤盐分，同时设置不同的排水深度情景方案，模拟其对土壤盐分和地下水位的影响，结果表明，根区土壤盐分于排水水位上下均呈一致趋势，在预测期 10 年后，地下水埋深减小了 7.7m，排水深度开挖到 1.2m 具有较好的可行性；Chang[90] 基于 7 年的数据率定和验证了 SaltMod 模型，确定了模型参数值，预测不同用水管理措施方案下未来 10 年区域水盐动态变化，结果表明，在现状灌排条件下，未来 10 年秋季灌溉水量增加 10%～20%，夏季灌溉水量减少约

15%，土壤盐分降低 1.06%～10.92%，灌溉总水量将减少 50～295m³/hm²，未来 10 年耕地盐分呈小幅下降趋势。鉴于研究区域特点和研究目的的不同，需要对模型进行改进并对相关模型进行耦合，以克服模型应用中的不足，从而提高其适用性[91]。例如，Drain-Mod 模型受限于只能设置一个地下平均水位，因此限制了其在多种灌溉水源以及在区域尺度上的应用[92]；SaltMod 模型不能考虑土壤水盐、作物种植制度、灌溉制度等存在的空间差异性[93]，仅能进行均一化预测，在土壤水盐空间变异性较强地区和区域尺度上的预测有一定的限性。

基于描述土壤水分运动的 Richards 方程和描述土壤溶质运移的对流-弥散方程的数值模拟模型有 SWAP、HYDRUS 等，该类模型的优点是具有较强的物理机制，在任意时间和空间上都能为土壤水分和溶质的运移提供数据，从而实现多场景的模拟分析[89,94]。例如，杨树青等[95-96] 基于 SWAP 模型，对不同作物、不同灌溉制度下微咸水的利用模式进行了分析研究；王相平等[97] 利用率定和验证后的 SWAP 模型，分析了水稻生育期水盐运移规律和水分利用效率；Zhao et al.[98] 对膜下土壤水热动力学和种玉米生长的 SWAP 模型进行了改进和应用；李亮[99] 和李亮等[100] 分别运用 HYDRUS-1D/2D 模型分析了河套灌区耕地及盐荒地的水盐运移特征；余根坚等[101] 应用 HYDRUS 模型模拟了河套灌区沙壕渠典型田块不同灌水模式下的水盐运移过程；Xu et al.[102] 在不同土质条件下，观测了恒定水头条件下黄土土柱中土壤湿润锋运动的动力学过程，并采用 HYDRUS-2D 模型进行了模拟，取得了较好的结果；王国帅等[103] 以河套灌区为研究对象，运用 HYDRUS-1D 模型对灌区内部的沙丘-荒地于不同时期的水盐动态进行了模拟，揭示了荒漠绿洲水盐运移特征。类似于 HYDRUS 和 SWAP 模型，该类模型的模拟时间步长较短，一般要求连续的日序列水文气象资料等，同时所需土壤特性数据较多，这些数据在短时间内或较大空间尺度上又存在着显著变异性，并且不易测量[104]。此类模型在土体及田间尺度上的模拟研究中适用性较强[105-106]，且由于边界条件和源汇项的限制，未能将不同土地利用类型和植被覆盖等情况充分考虑进去，所以在较大的区域范围或长期模拟预测研究中存在着局限性[107]。

### 1.2.2.2 灌区尺度农业水文过程研究

由于气候、土壤特性、土地利用类型和农田管理措施等因素存在一定的空间差异，因此农田尺度的水文模型很难准确反映灌区尺度农业水文循环[108]。而在水资源管理方面，决策都是区域层面完成的，随着灌区水转化研究的深入和拓宽，以及水资源管理和调控的实际需要，灌区尺度农业水文过程研究逐渐成为热点[109]。得益于计算机和 3S 技术（地理信息技术，地理信息系统、遥感、全球定位系统的统称）的发展，目前可以较好地将区域地形地貌、土壤条件、土地利用类型、地下水文和土地覆被等空间变异特征考虑进来，从而实现区域尺度农业水文过程的模拟。区域尺度农业水文过程研究呈现多元化，主要工具或方法包括集总式水均衡模型、分布式模拟、遥感反演等[110]。

水均衡模型是以水量平衡原理为基础，通过已知的水文观测项并结合经验公式对未知项进行计算或预测[111]，由于物理概念明确，监测方法方便可靠，空间尺度可大可小，适用性较强[68]。水均衡模型可用来确定难以获得的水文要素，同时水均衡模型也是验证其他模型方法的计算结果的重要手段[112]，其结果相对可靠，广泛应用于水资源管理[113]，是研究灌区水文循环、水分转化和消耗的重要手段。例如，岳卫峰等[114]、贾书惠等[115]以河套灌区义长灌域为研究对象，深入研究了区域水均衡、地下水均衡和耗水机制，但未明确义长灌域与外界地下水交换量；秦大庸等[116]依据灌区作物需水量、耗水过程和灌区的水循环规律，对宁夏引扬黄灌区的引、耗、排水进行了全面的分析与精确计算。但是在以大灌域尺度为研究对象的水均衡分析中，有关各种土地利用类型的水均衡问题以及明确不同土地利用类型的耗水类型及过程的工作还需进一步加强。在典型小区域尺度，武夏宁等[117]以河套灌区义长灌域永联试验区为研究对象，分析了该区的水均衡要素构成以及土壤水和地下水的水分消耗过程；任东阳等[118]以典型农渠尺度区域为研究对象，对河套灌区农田耗水机制进行了深入的研究。在小区域尺度，水均衡模型中的各项数据更易获得且更为精确，在水均衡分析中，给水度、引排水量等水均衡要素的确定是计算的关键[119]，例如推求相应研究区的给水度能够大大提高水均衡模型的精度，但求解条件相对苛刻，需要选择合适的区域，确保区域地下水位响应基本一致。目前大部分研究对不同的土地利用类型进行了详细的耗水分析，然而针对田间尺度的水均衡，由于地下水横向交换量不清楚而很难实行，因此对农田土地利用类型中各类作物的耗水规律也未进行详细的分析，对灌排活动造成的盐分累积规律也未能探明。水均衡模型也有很多不足之处，比如，其计算精度取决于各个分项的测量技术和手段的改进；水量收支的计算周期相对较长，较难体现日均衡动态；模型只能在未知项不超过一项时求解[120]。通常腾发量和地下水侧向径流量无法直接监测，都是未知的。综上所述，水均衡法更适合于给定时间尺度、边界清晰且相对封闭的区域[121]。将水均衡模型与经验方程结合起来，其仍然被认为是不同尺度和长序列的水资源管理中最有效的方法[122]。

农业水文过程的分布式模拟，目前主要采用两种方法进行研究，第一种是直接采用现有的流域分布式水文模型。例如，王维刚等利用遥感技术，通过订正河套灌区作物种植结构，提高了 SWAT 模型的精度，从而提升了 SWAT 模型在农业灌区的适用性[123]；Xiong et al.[124] 将 SWAT 模型进行改进后，使其适用于人为因素干扰强烈的河套灌区。但该类模型的侧重点在于地表水文过程，在自然流域中应用较多，大多以地表径流量为研究核心分析区域水循环[125]。农业水文过程与自然水文过程并不相同，灌区密集分布的灌溉渠和排水沟，地表水、根区水、地下水和作物的交互影响频繁而错综复杂，土壤盐分及其对作物的影响等，都使得此类模型在人类活动干扰强烈的灌区的适用性不高[126]。第二种是将田间尺度模型与 GIS 相结合，利用 GIS 技术进行地理信息系统识别和提取，分析气候、地形地貌、水文、土壤、灌溉管理、土地利用与植被覆盖等空间因子的变异性，将研究区划分为多个均质模拟单元，从而实现区域尺度上土壤水盐运移的模拟[127]。例如，徐旭等[128] 将 SWAP 模型和 ArcInfo 软件耦合成 GSWAP 模型，使其适用于区域尺度上的农田水盐动态模拟，从而实现数据输入输出、可视化显示与空间分析，在永联试验区进行模拟并取得了较好结果；Huang et al.[129] 将 SahysMod 模型与 GIS 结合起来，实现了区域内划分的每个均质单元的土壤水盐分布及动态模拟。但在区域尺度上，气候特征、土壤条件、土地利用类型、灌排管理等影响因素存在较大的空间变异性，不同时空尺度间还存在着复杂的水力联系和交互作用，要很好地反映灌区尺度的水文过程也存在一定难度[130]。

遥感反演是研究灌区农业水文要素的重要手段，在土地利用、作物产量、盐渍化动态方面发挥重要作用。其核心问题是空间分辨率是否与研究区特点相匹配、时间分辨率能否满足研究需要[131]。例如，李宗南等[132]利用小型无人机遥感获取的红、绿、蓝彩色图像，研究玉米倒伏的图像特征和提取方法；白亮亮等[133]融合了 Landsat 7 ETM＋和 MODIS 影像，构建了 NDVI 数据集，结合地面实体作物 NDVI 变化特征和光谱耦合技术，提取了解放闸灌域 2000—2015 年的种植结构，并分析了其时空特征变化以及地下水对种植结构调整的制约性；孙亚楠等[134]利用光谱变换和多元逐步回归方法筛选特征波段和特征光谱指数，构建了河套灌区永济灌域春、秋两季土壤盐分多光谱、高光谱反演模型，并利用特征光谱指数的线性回归构建了高-多光谱数据融合反演模型。遥感主要擅长对地表植被、土壤和通量的动态信息进行捕捉和评价，难以对深层土壤和地下水进行刻画及预测。处在干旱半干旱地区的农业灌区，灌溉和蒸散发过程是核心，土壤和地下水埋深应是模型的关注目标[135]。综上所述，无论是传统的集总式水均衡模型、分布式模拟、遥感反演等方法，都有其特定的适用条件及优缺点。根据侧重的研究问题、研究目的和研究区特点，需要对模型进行选择和改进。

### 1.2.3　耕地和荒地空间优化配置研究

#### 1.2.3.1　干排盐研究

工程措施[136-137]、土地整治措施[138]、化学措施[139]、生物改良[140-141]等是目前常用的盐渍化土壤改良措施，单一的改良方法已经无法满足实际的土壤盐渍化防治需求[142]，综合应用多种措施治理土壤盐渍化更为有效[143]。在河套灌区盐渍化改良过程中，参考开沟排水、平整土地、淋洗改良、合理灌溉、作物轮作、施有机肥、深耕松土、耐盐作物等盐渍化土壤改良技术方针。

雷志栋等[144]在 20 世纪 90 年代引入内排水及干排的概念，干排盐是灌水事件发生后，耕地土壤中的盐分被淋洗到地下水中，造成地下水浅埋深现状的同时，形成了耕地与未灌溉荒地之间的地下水水力梯度。在水力梯度的驱动下，地下水携带大量盐分向荒地迁移，在腾发作用下，盐分随着水分进入荒地并滞留。干排盐是传统灌溉淋洗的替代性方法，其优势在于不产生灌区外的地表水体污染和生态影响，在水资源资源约束、排水系统欠发达、荒地资源多的地区具有很大的研究价值。董新光等[145]分析了盆地、流域、灌区、农田和土壤剖面等不同尺度的盐分分布与平衡，研究结果认为干排盐是必需的，但要考虑不同层次干排盐出路与动力条件。Khouri[146]指出浅埋深地下水位和强烈的蒸发能力是干排盐发挥有效作用的前提。李亮等[100]在其研究中指出，强蒸发是河套灌区荒地水盐运移的原动力，任东阳等[118]和 Wang et al.[147]的研究均证明河套灌区浅埋深地下水使得耕、荒地间保持着紧密的水力联系。河套灌区地下水年埋深为 1.5～2m[148]，蒸发强烈，年均蒸发量约为 2200mm[133]，灌区内部的盐荒地与农田呈插花式分布[65]。以上均使得河套灌区充分具备实现干排盐的条件。

众多学者在灌区干排盐方面进行了大量的研究，例如 Wu et al.[149]以河套灌区为研究区，基于水盐平衡方程，证实在过去 30 年里，干排盐对耕地可持续利用起到了关键作用；王学全等[148]对河套灌区 1987—1997 年的水盐均衡进行计算，结果表明，灌区整体处于积盐状态，荒地积聚了进入灌区的总盐分的 65％，年均积盐量达 168.3 万 t；岳卫峰等[150]根据 1990—2002 年的数据，以河套灌区义长灌域非农区-农区-水体为研究对象，建立水盐均衡模型，分析了水分在各个阶段的转换与消耗，量化了盐分迁移量，结果表明，农田脱盐量的 75% 随地下水迁移到了荒地和水域，这比王学全等得出的结论要大，印证了水体发挥的干排盐效果，王国帅等[151] 也指出耕地-荒地-水域是灌区盐分重分配的主要区域；于兵等[152] 分析了河套灌区 2006—2012 年盐分平衡各分量及农区向非农区盐分迁移量，指出灌区农区年均脱盐量为 17.4 万 t，年均脱盐率为 0.4t/hm²，非农区处于积盐状态，年均积盐量为 137.1 万 t，年均积盐率为 2.7t/hm²。以上研究均表明，节水改造工程处在不同阶段，灌区干排盐效果也不尽相同，但灌区整体仍处于积盐状态，有限的荒地发挥了容纳大量盐分的作用，成为灌区内部水盐平衡的重要调节因素。

Ren et al.[121,153] 在不同尺度上定量分析了不同土地利用类型间的水盐交换，研究表明，在农渠尺度上，荒地面积仅以 13% 的研究区总面积占比，容纳了总引盐量的 40%；而在灌域尺度上，占研究区总面积 30.3% 的荒地容纳了 67% 的总引入盐量。Ren et al. 的研究说明，不同的研究尺度，干排盐效果也不相同，耕地与荒地的位置、规模等的不同会影响干排盐效果。事实上，灌区内部很多紧邻荒地的农田地势低洼、盐渍化程度较高、作物低产，部分农户逐渐选择弃耕此类农田。此类低产田虽然发挥了排盐荒地的作用，但在土地利用类型划分时，其基本上还是被划为耕地。弃耕这部分低产田，将其发展为排盐荒地对于减轻区域土壤盐渍化、推动可持续发展、提高经济效益可能会起到积极的作用[154]。陈小兵等[155] 也认为灌区内大量的土壤盐分主要累积在地势较低处的中低产田上，通过取样试验也印证了此类耕地的土壤盐分明显高于其他位置分布的耕地的土壤盐分。

### 1.2.3.2 SahysMod 模型研究进展

通过模型模拟及预测不同灌排条件下区域土壤水分和盐分的运动规律，可为河套灌区土壤盐渍化监测与评价奠定基础[156-157]。在区域尺度上，土壤水盐运移规律较为复杂[158]，相关研究多集中在耕地的土壤盐分动态及盐渍化改良上，综合考虑区域内耕地及荒地土壤盐分动态变化的灌排管理研究还相对较少[159-160]。还能在水资源约束条件下，与 GIS 相结合，从优化水土资源配置这个角度来进行区域耕地和荒地空间分布的优化配置与利用，将土地利用与水资源耦合成为一个完整系统进行灌区水土资源演化机理与调控，为灌区土壤盐渍化治理提供一个新方向。

SahysMod 模型是以水盐平衡原理为基础的三维区域空间分布式水盐平衡模型[161]，近年来国内外学者进行了大量成功的应用。通常将 SahysMod 模型与 GIS 结合，利用数字高程模型（digital elevation model，DEM）、土地利用类型、土壤水盐、地下水盐、作物制度等数据进行区域尺度上土壤水盐、地下水盐、排水水盐、地下水埋深等的模拟与预测[162-163]。该模型优点是进行模拟及预测土壤水盐时充分考虑区域地下水在含水层流动的连续性，以及不同单元栅格间的土壤水分及盐分迁移和耕作方式的差异所引起的灌排差异性。例如，Singh et al.[164] 基于率定、验证和敏感性分析后的 SahysMod 模型，模拟并分析了印度哈里亚纳邦灌区地下水埋深的时空动态变化，地下水位对水力传导率最为敏感，同时在灌区现有灌排管理的基础上，增加五种灌排情景，分别是在干旱条件下、种植结构调整、井灌数量增加、渠道衬砌增加、地下水埋深将至安全埋深范围，研究不同情景下未来 10 年区域水盐动态变化，提出了适宜的用水管理措施；Inam et al.[165] 将 SahysMod

模型和 GBSDM 模型耦合成为 GBSDM - SahysMod 模型，评估了模型的适用性，将耦合模型应用于巴基斯坦雷赤纳河间地的哈维利地区，模拟了垂直排水、渠道衬砌、灌溉水再分配情景下土壤盐分动态变化，并将分析结果与经济、环境因素进行综合分析，筛选较优的管理解决方案；Yao 等[166-167] 对率定验证后的 SahysMod 模型进行参数敏感性分析，结果表明，根区的淋洗效率、导水率和有效孔隙度分别对土壤盐分、地下水位和地下水盐度有主要影响，根区有效孔隙度对土壤盐分、地下水埋深和地下水盐分表现出中等敏感参数，在考虑到土壤盐分、根区总孔隙度、有效孔隙度、根区淋洗效率等参数的空间变异性的同时，将 SahysMod 模型运用在江苏省东台市雨养农场的田间根区土壤和地下水动态分析中，结果表明，利用地下排水系统和塑料薄膜覆盖等可以调控土壤盐分和地下水位，地下排水是排盐最高效的方法，考虑到成本和环境影响，塑料薄膜覆盖在控制土壤盐分和地下水盐分方面更为经济有效；黄亚捷等[154] 以宁夏银北灌区西大滩典型区域为研究对象，对 SahysMod 模型进行率定验证后，对土地整治过程中不同灌排方式下未来 10 年土壤水盐动态进行了分析，研究发现，在现行的灌排管理下，荒地含盐量先是逐年递增，而后变化逐渐平缓，耕地土壤盐分先变化缓慢后逐年增加，提高灌溉水量和适当深挖排水沟能明显延缓耕地土壤盐分累积到障碍水平的时间；Huang et al. [129] 基于 SahysMod 模型优化排盐区空间配置，结果表明，模型最优配置参数包括耕地和荒地间高度差和耕盐荒地面积比，高度差为 0.3m，面积比为 1.5，研究区西南部和东北部作为排盐荒地有利于耕地脱盐，到 2027 年，耕地平均土壤盐分由 2.7dS/m 降低到 1.2dS/m，SahysMod 是模拟耕地与排盐荒区土壤水盐运动的有效工具，合理配置排盐地面积对解决耕地土壤盐渍化、保证耕地可持续利用具有重要意义[129]；Guan[168] 基于率定和验证后的 SahysMod 模型，设置并预测不同情景方案下的河套灌区地下水盐、排水排盐、地下水埋深等动态变化，研究表明，在现有灌排模式下，河套灌区未来 10 年年排水量呈先减小后逐渐稳定的趋势，灌区中上游地区耕地土壤盐分小幅降低，而下游地区耕地土壤盐分呈明显升高趋势，加深排水沟可有效改善灌区排水效果。当排水沟深增加到 2.0m 后，灌区排水量大约会增加 1 倍，对比不同节水方案的效果，随着引水量的减少，灌区引盐量、排盐量和积盐量均呈减小趋势，应优先采取措施，减少田间灌溉定额，然后提高渠系的用水效率，同时应综合考虑灌区的节水效果和灌区的生态需水量，确定最佳用水管理方案。

### 1.2.4　存在的问题

（1）模型自身原理决定其适用性。传统的农业水文模型多为田间尺度模型，对农田土壤-植物-大气连续体（soil - plant - atmosphere continuum，SPAC）系统中复杂的水转化和循环机制的刻画尚有不足，无法直接应用于灌区水文过程模拟研究，流域水文模型对自然-人工灌区复合水循环的描述仍存在不足，为了改善模型适应性，需要选择、修正或耦合模型，以适应研究区特征。

（2）鉴于农业水文过程研究尺度的局限性，很多学者只关注了农田、灌域、灌区尺度，而高质量的野外监测才是获取农业水文要素及验证模型的重要基础。综合河套灌区实际灌排管理经验，无论是实地调查、取样监测还是进行精细管理、选择适用性模型，选取合理的研究尺度，对于厘清农业水文过程监测有较高的可施行性。

（3）河套灌区有部分紧靠荒地、地势低洼、作物长势较差、盐渍化程度较严重的耕地，这部分耕地在一定程度上已经充当了排盐荒地并发挥干排盐作用。在土地类型调查中，大多仍将这类盐碱耕地归类为耕地，实际上将其划分为荒地更加合理。现有研究大多在明确耕荒比的基础上进行干排盐定量分析，在节水新形势下，此类盐碱耕地起到的干排盐定量作用研究相对较少。

（4）在限制引水背景下，干排盐愈发成为灌区内部储存盐分合理归趋的重要途径，而河套灌区干排盐方面的研究大多局限于定量化水盐迁移量，对灌区目前耕地与排盐荒地间配置开展的研究，即在基于耕地与荒地水盐动态的基础上，对耕地与荒地的面积比例、位置分、高度差等配置条件进行研究及优化方面的研究相对较少。

## 1.3　研究内容与方法

（1）节水改造后河套灌区典型斗渠灌排单元土壤水–地下水动态及转化关系研究。限制引水背景下河套灌区农业水资源供需矛盾加剧，为确定新的水盐约束背景下河套灌区土壤水–地下水动态及其转化关系，从而为优化农田水管理策略提供理论依据，选取河套灌区典型斗渠灌排单元，基于 2 年的土壤水、地下水的监测数据，分析在不同作物种植区，不同灌溉期的农田土壤水、地下水的动态变化规律。运用水量平衡法对地下水浅埋区农田土壤水与地下水的转化关系进行定量研究，旨在为当地及相近地区农业节水灌溉提供科学依据。

（2）基于指示 Kriging 法的不同盐分阈值条件下土壤盐渍化风险评价。为了评价制约河套灌区水土资源高效利用和农业可持续发展的土壤盐渍化风险，采用经典统计分析与地统计分析相结合的方法，对某一特定时期土壤盐分的空间变异性进行分析。运用非参数地质统计学的单元指示 Kriging 法，在不同土壤盐分阈值条件下，对河套灌区典型斗渠灌排单元各时期不同土层土壤盐分的变异函数、预测概率进行研究，交叉验证后给出满足条件的盐渍化风险概率分布图，同时进行盐渍化风险评价。研究结果可为相近地区土壤盐渍化防治、土地资源管理利用和地下水资源的合理调控提供技术支撑。

（3）河套灌区典型斗渠灌排单元灌溉水耗散及土壤水盐重分布研究。针对灌溉引水及其携带的盐分在田间尺度分布与累积规律不明确等问题，利用详细的试验观测数据，构建作物插花式种植且耕地和荒地交错的典型斗渠尺度灌排系统的总体水均衡模型，同时对水均衡模型及各项要素进行验证，通过合理分析河套灌区生育期灌溉引水复杂耗散路径和盐分累积规律，为评价灌排单元的用水合理性提供科学依据。研究成果可为建立节水控盐的灌溉制度、提出保持灌区农业可持续的综合调控技术和合理水管理方案提供科学支撑。

（4）限制引水条件下河套灌区典型斗渠灌排单元干排盐效果分析。针对部分紧靠荒地、地势低洼、作物长势较差、盐渍化程度较高的耕地，在一定程度上已经发挥排盐荒地作用的实际问题，在进行土地利用分类时，将此类盐碱耕地明确划分为排盐荒地并量化其干排盐效果。同时定量分析灌区节水改造、水土环境变化后的干排盐效果。研究结果可为限制引水条件下、优化与耕地配套的排盐荒地规模与空间布局、完善水盐约束下的耕地与排盐空间配置提供理论依据。

（5）不同灌排管理模式下土壤水盐动态模拟研究。以河套灌区典型斗渠灌排单元为研究对象，基于其土地利用类型、作物种植结构、土壤水盐、地下水盐等基础数据，综合考虑耕地及荒地土壤水盐的空间变异性，利用率定和验证后的 SahysMod 模型，设置不同引水总量、不同灌溉水量、不同排水沟深度等情景，预测不同灌排管理方案下典型斗渠灌排单元未来 10 年作物生育期内耕地和荒地根层土壤盐分的动态变化，优化灌排管理方案，旨在为土壤盐渍化防治提供科学参考。

（6）河套灌区典型斗渠灌排单元干排盐系统优化配置研究。从优化干排盐系统出发，以耕地与排盐荒地合理优化配置为核心，根据研究区耕地与排盐荒地现有的配置规模和空间布局，设置不同的耕地与排盐荒地面积比例、不同的耕地与荒地间高度差、不同的耕地与荒地位置布局，利用 SahysMod 模型，对区域盐渍化治理过程中耕地与排盐荒地的最佳优化配置进行研究和讨论，以期通过优化耕地与排盐荒地空间配置等，使干排盐系统发挥最佳效果，从而合理分配区域内部累积的盐分，达到耕地脱盐、荒地容盐的效果。

# 1.4　技术路线

本书技术路线图如图 1.1 所示。

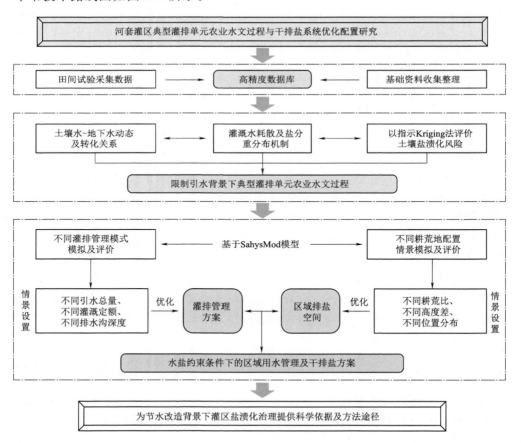

图 1.1　本书技术路线图

# 第2章 研究区概况

## 2.1 河套灌区概况

内蒙古河套灌区（图2.1）是亚洲最大的一首制灌区，位于黄河流域中上游的巴彦淖尔市，北抵阴山山脉，南至黄河，东邻包头市，西接乌兰布和沙漠。黄河自西向东流过灌区，地理坐标为东经$105°12'\sim109°19'$、北纬$40°13'\sim42°28'$[169]。河套灌区地形整体呈西南高、东北低，地势较为平坦，海拔为$1007.00\sim1050.00$m，东西长约270km，南北宽约50km，引黄控制总面积约为116万$km^2$[170]。河套灌区从黄河引水灌溉，灌溉耕地面积为57.4万$km^2$，约占灌区总面积的50%[171]。河套灌区地处干旱半干旱大陆季风性气候地区，干旱少雨，蒸发强烈，生育期年均降水量为$90\sim144.2$mm，且主要集中在6—9月，年均蒸发量约为2237mm，蒸降比在10以上。常年的引黄灌溉，加之灌排系统配套不完善、排水不畅等，造成灌区地下水浅埋深的现状[172]。

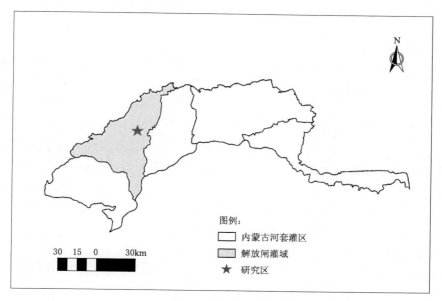

图2.1 内蒙古河套灌区

推行节水改造后，灌区年引水量为43亿~48亿$m^3$，年均排水排盐量约为引水引盐量的1/10和1/3，灌区长期处在积盐状态，土壤盐渍化严重威胁灌区的可持续发展[173]。河套灌区作物品种繁多，作物的种植结构杂乱无章，以插花式分布，同时耕地和荒地错落分布[174]，加之复杂的人类活动及管理的影响，在新的节水新形势下，灌区的农业水文过程非常复杂。

### 2.1.1　气候环境

河套灌区为干旱半干旱的中温带大陆性气候[130]，灌区降水量少，蒸发强度大，是典型的无灌溉即无农业的地区[28]。冬季寒冷少雪，夏季炎热高温，多年平均气温为 6.9℃，平均最高气温约为 14.8℃，平均最低气温约为 1.6℃。光热充足，日照时间长且辐射强，全年平均日照时数为 3100～3200h。无霜期短，一般只有 150～180d。河套灌区年内平均气温及降水量如图 2.2 所示。

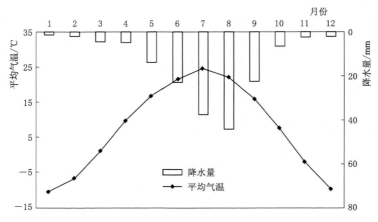

图 2.2　河套灌区年内平均气温及降水量

### 2.1.2　种植结构

河套灌区的农业发达，种植结构较为复杂。粮食作物主要有小麦、玉米等，经济作物主要有向日葵、番茄、甜瓜、马铃薯等，其中春玉米、春小麦和向日葵为最主要作物。从 20 世纪 80 年代至今，河套灌区种植的主要作物类型及面积比例发生了较大变化。从 80 年代到 20 世纪末，灌区主要作物中，小麦种植面积最多，向日葵和玉米次之。随着时间的推移，小麦、玉米和向日葵的种植面积持续扩大。随着黄河水资源的统筹调配和 20 世纪 90 年代以来开展的大型灌区续建与配套，根据节水改造要求，河套灌区引黄水量逐步减少。在灌溉水量、生态、经济等因素的制约下，小麦面积大幅减小，向日葵和玉米的种植面积显著增加，到 2021 年，向日葵的种植面积占比约为 54%，玉米约为 32%，小麦约为 7%。河套灌区主要作物种植比例多年变化如图 2.3 所示。

### 2.1.3　水资源利用概况

河套灌区内大部分地区的水资源为过境的黄河水，引黄水量占灌区总耗水量的 86.6%，少部分井灌区利用地下水，多年平均开采量为 6.6 亿 $m^3$，也是灌区重要的水资源。狼山、乌拉山向河套灌区一侧的年径流量约为 1.3 亿 $m^3$，可利用水量约为 0.7 亿 $m^3$，灌区的地下水来源主要有灌溉降水入渗、狼山和乌拉山的降水侧渗以及黄河侧渗，地下水资源量约为 24 亿 $m^3$[130]。

河套灌区灌溉渠道网络配置良好，共有 7 级引水渠系，分别是总干渠 1 条，总长约为 180.9km；干渠 13 条，总长约为 780km；分干渠 48 条，总长约为 1062km；支渠 339 条，

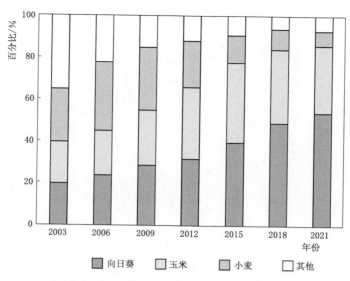

图 2.3 河套灌区主要作物种植比例多年变化

总长约为 2190km；斗渠、农渠、毛渠共计 85522 条，总长约为 45134km[28]。灌溉引水从总干渠自西向东分配至各级干渠，再由干渠分配至各级分干渠进行田间灌溉。各级引水渠系在灌区内均匀分布，引水量较均匀地被分配至各渠道的灌溉控制面积区域。排水系统与灌溉渠系相对应，也分为 7 级，设有总排干沟 1 条，总长约为 227km；干沟 12 条，总长约为 523km；分干沟 59 条，总长约为 925km；支沟 297 条，总长约为 1777km；斗渠、农渠、毛沟共计 17619 条，总长约为 10534km。地表退水和地下水排水流经各级排水沟汇入干沟，经干沟再汇入总排干沟，最终排向乌梁素海。虽然排水沟道为灌区排水排盐起到关键作用，但河套灌区是一个下沉的封闭式盆地，地表坡降平缓，导致排水设施建设和维修困难，部分排水渠年久失修，排泄性能不佳。

### 2.1.4 引排水概况

1986—2000 年，河套灌区引水量每年平均维持在 51.68 亿 $m^3$；通过节水改造工程和节水技术的应用，灌区引水量显著降低，2001—2016 年每年平均引水量约为 46.36 亿 $m^3$，2016—2020 年每年平均引水量约为 43.74 亿 $m^3$。根据指令性节水政策，灌区用水量还要进一步缩减，将减少到每年 40 亿 $m^3$[8]。图 2.4 为河套灌区 2010—2020 年年均引排水量及引排水量比，除去降水量较大的特殊年份，从图中可以看出，随着节水改造工程的进行，灌区引黄水量呈现出递减的趋势。虽然排水量随着引水量的减少也随之减少，但得益于灌区灌排系统的逐步完善，灌区多年排引水量比一直维持在 0.144 左右。

黄河水携带大量的可溶盐进入灌区，是灌区土壤盐分的重要来源，近年来，黄河水的矿化度呈平稳增加的趋势，平均矿化度约为 0.65g/L。自 2003 年之后，排水矿化度进入持续降低阶段，灌溉引水矿化度的增加及排水的矿化度降低，使得灌区内部盐分积累持续增加。

### 2.1.5 地下水环境

从图 2.5 可以看出，由于灌区节水改造工程的大力推行，2010—2019 年，河套灌区

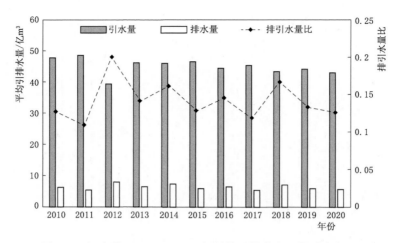

图 2.4　河套灌区 2010—2020 年年均引排水量及排引水量比

地下埋深整体呈增加的趋势，多年地下水埋深的平均值约为 2.2m，变化范围为 2.0～2.4m。多年地下水矿化度的平均值约为 3.83g/L，地下水矿化度变化范围为 3.6～4.2g/L。河套灌区可将一年分为生育期（5—9 月）、秋浇期（10—11 月）和冻融期（12 月至翌年 4 月）。灌区地下水埋深受降水、蒸发、冻融等气象因素和灌溉作用的影响，表现为季节性变化[175]，年内地下水埋深存在两个峰值和两个低谷。

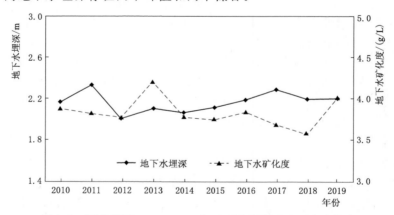

图 2.5　河套灌区 2010—2019 年地下水埋深及地下水矿化度

## 2.2　典型斗渠灌排单元概况

解放闸灌域位于河套灌区西部，是河套灌区第二大灌域，东与永济灌域相邻，西与乌兰布和灌域接壤，地处东经 106°51′～107°23′、北纬 40°32′～41°11′，海拔高程为 1030.00～1046.00m。年均降水量约为 155mm，年均蒸发量则高达 2000mm，蒸发量远大于降水量[127]。整体地势呈西南高、东北低，总土地面积约为 2157 万 km²，耕地面积约为 1421 万 km²。当地农业发展主要依靠引黄灌溉，解放闸灌域地下水埋深较浅，强烈的潜水蒸发使得耕层土壤和地下潜水盐碱化，次生盐碱化问题严重。

　　研究区位于河套灌区解放闸灌域中东部，属于沙壕渠灌域中上游的斗渠灌排单元，年平均降水量为 130～200mm，全年蒸发量为 1900～2500mm。近 90% 的降雨发生在 5—9月。研究区地处东经 107°9′18″～107°10′23″、北纬 40°55′15″～40°56′53″，控制总面积约为 331.89hm²。地形较为平缓，整体地势呈东南高、西北低，海拔高程为 1039.00～1040.00m。土地利用类型有农田、荒地、村庄，渠系主要有斗渠、农渠、毛渠 3 级渠系。研究区由沙壕分干渠的一斗渠引水控制，退排水排到一斗沟中。研究区东面和北面是 713县道，西南是沙壕分干渠，边界较为清晰且地下水侧向径流稳定，同时四周的干渠和公路在一定程度上起到了阻断其地下水侧向运移的作用，灌溉和降雨引入的水量除了在排沟中的退排水排出了一部分外，其余全部在研究区内消耗。综上所述，可认为解放闸灌域一斗渠研究区是一个边界清晰、引排水系统较为完善且相对独立的灌排单元，从气候特征、引排水量、水资源利用情况、土地类型、作物种植结构及所占面积比例等来看，该研究区在解放闸灌域乃至河套灌区具有一定的典型性。研究区及其灌排系统示意图如图 2.6 所示。

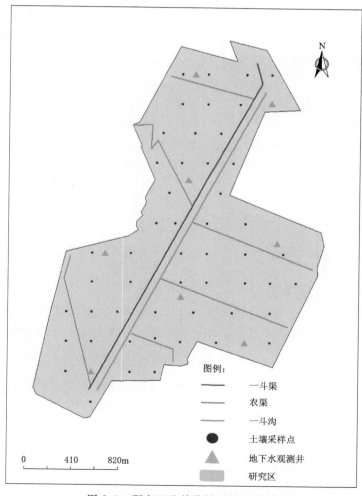

图 2.6　研究区及其灌排系统示意图

## 2.3  试验设计及资料收集

### 2.3.1  土壤水盐及理化性质监测

#### 2.3.1.1  土壤监测点布设

在研究区以 200m×200m 网格均匀布置 58 个土壤水盐定位监测点，于网格节点处设立采样点并用 GPS 记录其位置，以进行土壤基础数据采集，土壤水盐监测点覆盖其中主要农作物地块和天然荒地。每 15d 进行一次土壤水分、盐分监测，灌水前后进行加密取样。取样深度为 100cm，取样土层深度分别为 0～20cm、20～40cm、40～60cm、60～80cm、80～100cm，共 5 层。

#### 2.3.1.2  土壤 EC 值（可溶性离子浓度）测定及全盐量转化

将采集的土样在室内自然晾晒，称取 20g 经 1mm 筛子后的风干土样，放在 250mL 干燥三角瓶中，加入 100mL 的蒸馏水后，振荡 5min，制成土水比为 1∶5 的土壤浸提液，密闭静置 8h 后，吸取上部上清液 30mL，置于 50mL 的小烧杯中，采用 DDS－307A 数字电导率仪（上海佑科仪器公司）测定浸提液 EC 值。根据经验公式将土壤全盐量和浸提液电导率之间的换算关系转换成土壤全盐量[176]，公式为

$$SSC = 2.882EC_{1:5} + 0.183 \tag{2.1}$$

式中：$SSC$ 为土壤全盐量，g/kg；$EC_{1:5}$ 为水土比为 1∶5 的土壤浸提液电导率，dS/m。

#### 2.3.1.3  土壤质量含水率测定

用土钻进行土壤取样，刮去土钻的上部浮土，从钻孔中间挖出所需深度的土壤，随后迅速装入已知准确质量的铝盒内，盖紧后装入容器内，带回实验室后立即进行称重，将铝盒在 105℃的烘箱内烘烤 8h，待冷却至室温后，称重并精确到 0.001g。计算公式为

$$M_S = (M_1 - M_2)/(M_2 - M) \tag{2.2}$$

式中：$M_S$ 为土壤质量含水率；$M_1$、$M_2$ 分别为干燥前后土样和铝盒的质量，g；$M$ 为铝盒的质量，g。

#### 2.3.1.4  土壤粒径及容重测定

研究区典型观测点的土壤理化性质见表 2.1。选取不同盐渍化程度土壤的两个典型点进行土壤容重和土壤粒径级配分析。采用环切法测定土壤容重，土壤容重计算公式为

$$\rho = 100m/[V(100+W)] \tag{2.3}$$

式中：$\rho$ 为土壤容重，g/cm³；$V$ 为切割环体积，cm³；$m$ 为切割环内湿土，g；$W$ 为切割环内土壤重量含水量，%。

采用干燥粒度仪测定典型观测点的土壤粒度。

### 2.3.2  地下水环境监测

在研究区内共布设 8 眼地下水观测井，观测井为直径 50mm 的 PVC 管，长约 6m，垂直埋入地下，埋入深度约为 5.7m，埋入部分打孔并用滤布包裹，每 5d 用铅锤直接测量地下水观测井内水位埋深，并在灌水前后加测。

表 2.1　　　　　　　　　　　研究区典型观测点的土壤理化性质

| 盐渍化土壤 | 取样点 | 土层深度/cm | 容重/(g/cm³) | 土壤颗粒分布/% | | |
|---|---|---|---|---|---|---|
| | | | | 砂粒(0.05mm≤粒径<2mm) | 粉粒(0.002mm≤粒径<0.05mm) | 黏粒(粒径<0.002mm) |
| 轻度 | A | 0～40 | 1.59 | 33.51 | 61.15 | 5.34 |
| | | 40～100 | 1.52 | 37.76 | 53.96 | 8.28 |
| | B | 0～40 | 1.51 | 19.14 | 75.15 | 5.71 |
| | | 40～100 | 1.44 | 19.74 | 76.81 | 3.45 |
| 中度 | A | 0～40 | 1.63 | 32.56 | 63.24 | 4.20 |
| | | 40～100 | 1.54 | 35.62 | 60.9 | 3.48 |
| | B | 0～40 | 1.42 | 30.34 | 65.42 | 4.24 |
| | | 40～100 | 1.39 | 22.41 | 73.52 | 4.07 |
| 重度 | A | 0～40 | 1.56 | 33.89 | 61.74 | 4.37 |
| | | 40～100 | 1.54 | 39.44 | 56.17 | 4.39 |
| | B | 0～40 | 1.44 | 42.89 | 51.73 | 5.38 |
| | | 40～100 | 1.39 | 29.29 | 66.09 | 4.62 |

每 10d 用便携式电导率仪现场测定地下水 $EC$ 值，并在灌溉前后加测，根据经验公式将地下水矿化度和地下水 $EC$ 值进行转换[15]，公式为

$$TDS = 0.69EC \tag{2.4}$$

式中：$TDS$ 为地下水总溶解固体，g/L；$EC$ 为地下水电导率，dS/m；0.69 是经验系数，由当地地下水和地表水的水样校准得出。

### 2.3.3　气象数据收集

通过沙壕渠试验站的小型自动气象站（HOBO U30）记录逐日的气象数据，包括温度、湿度、太阳辐射、相对湿度、日照时长、风速和降水量。2018 年、2019 年和 2020 年作物生育期内逐日平均气温及降水量如图 2.7 所示。

### 2.3.4　灌溉排水系统及监测

研究区是隶属于河套灌区解放闸灌域沙壕渠分干渠的斗渠灌排系统，区域内共有 3 级灌溉引水渠系，即斗渠、农渠、毛渠，引水渠系在研究区内均匀分布，与灌水系统相对应，排水系统设有斗渠、农渠、毛沟。分布在研究区内的灌溉渠系及排水沟道控制着整个灌溉排水系统，引水量较均匀地分配至各渠道的灌溉控制面积区域，排水汇入排水斗沟后排出研究区。研究区斗渠、农渠和毛渠的平均深度分别为 1.5m、1.1m 和 0.4m，斗沟、农沟和毛沟的平均深度分别为 1.35m、0.8m 和 0.33m。

引排水量监测是在研究区斗渠入口设置流量观测点，在作物生育期，每次灌水事件发生时，用便携式流速仪（global water）每 30min 监测进入研究区的水量，同时在一斗沟排水沟出口监测退排水量。选取种植向日葵、玉米、小麦的典型田块，每种作物选 3 块，用梯形量水堰监测进入典型作物田块的水量，记录梯形量水堰断面水位，每 5～10min 记录一次，直到农户停止灌溉。研究区引排水监测如图 2.8 所示。

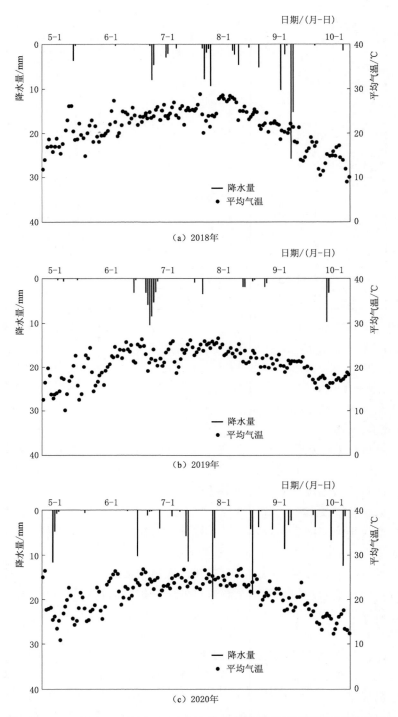

图 2.7  2018 年、2019 年和 2020 年作物生育期内逐日平均气温及降水量

图 2.8  研究区引排水监测

### 2.3.5  灌溉制度

研究区 2014—2020 年每年引水量如图 2.9 所示。总体来讲，研究区 2014—2017 年每年的引水量逐步增加，在全年历次引水事件中，秋浇引水量最大。引水总量及历次引水量的变化可以反映出研究区种植结构和灌溉制度的调整。现行的灌溉制度为每年进行 6 次灌水事件。第 1 次灌水（一水）一般在 4 月末到 5 月初进行，主要灌溉向日葵、小麦和瓜菜；第 2 次灌水（二水）大约发生在 5 月中下旬，只灌溉小麦，若第 1 次灌水的行水时间不足，则对部分未得到第 1 次灌水的向日葵进行补灌；第 3 次灌水（三水）大约发生在 6 月下旬，对玉米、向日葵和小麦全部进行灌溉；第 4 次灌水（四水）约在 7 月中旬，灌溉玉米和向日葵；第 5 次灌水（五水）在 8 月上旬进行，针对玉米和向日葵；如遇特殊情况，例如生育期内降水量较少或气候较为干旱时会进行第 6 次灌水（六水），在 8 月底或 9 月初针对玉米进行；最后一次是秋浇，根据农户的意愿在 10 月对耕地进行秋浇或局部秋浇。2019 年和 2020 年试验区种植及灌溉情况见表 2.2。

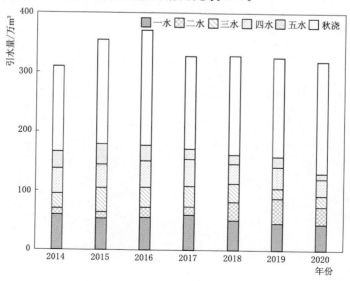

图 2.9  研究区 2014—2020 年每年引水量

表 2.2　　　　　　　　　　　　　　**2019 年和 2020 年试验区种植及灌溉情况**

| 年份 | 灌水事件 | 灌水日期/(月-日) | 灌水作物 | 引水量/万 m³ | 排水量/万 m³ |
|---|---|---|---|---|---|
| 2019 | 第 1 次 | 5－8—5－14 | S、W | 45.18 | 4.61 |
| | 第 2 次 | 5－22—5－25 | W | 42.46 | 4.10 |
| | 第 3 次 | 6－22—6－24 | S、M、W | 16.68 | 1.49 |
| | 第 4 次 | 7－11—7－16 | S、M | 36.16 | 3.16 |
| | 第 5 次 | 8－4—8－6 | M | 18.22 | 1.44 |
| | 合计 | | | 158.7 | 14.80 |
| 2020 | 第 1 次 | 5－8—5－15 | S、W | 54.41 | 5.33 |
| | 第 2 次 | 5－20—5－25 | W | 29.89 | 2.77 |
| | 第 3 次 | 6－18—6－21 | S、M、W | 18.49 | 1.68 |
| | 第 4 次 | 7－19—7－24 | S、M | 32.91 | 2.89 |
| | 第 5 次 | 8－5—8－6 | M | 13.24 | 1.17 |
| | 合计 | | | 148.94 | 13.84 |

注　S—向日葵；W—小麦；M—玉米。

### 2.3.6　种植结构及土地利用获取

研究区主要作物有粮食作物和经济作物，其中粮食作物有春玉米和春小麦，经济作物有向日葵、番茄、瓜菜等，种植作物和荒地在整个研究区内呈插花式分布，由于农田产权分散，种植结构复杂多变，土地利用较为破碎，通常每隔 1～3 年便会调整一次田块的作物种类，以此保证土壤肥力，预防病虫害。经济价值较高的作物通常种植在耕作条件较好，即地下水位相对较低、土壤盐渍化程度低、土壤肥力较好的田块，向日葵等耐盐作物则大面积种植在盐渍化程度较高的地块。

通过野外实际考察并结合 Google Earth 卫星图像的目视解译，确定 2019 年和 2020 年研究区种植结构如图 2.10 所示。统计不同土地利用类型的面积及比例时，将路沟渠的面积及比例合算在村庄的面积及比例当中。

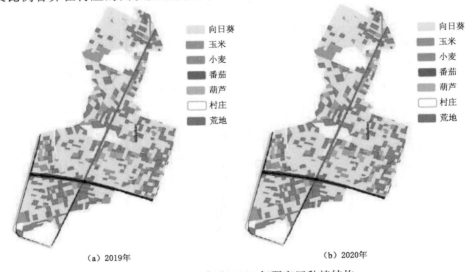

(a) 2019 年　　　　　　　　　　　　　　(b) 2020 年

图 2.10　2019 年和 2020 年研究区种植结构

# 第3章 河套灌区典型斗渠灌排单元土壤水－地下水动态及转化关系研究

由于指令性节水，河套灌区引水总量减少20％以上[8]，农业水资源供需矛盾加剧，合理利用水资源对灌区农业发展具有重要的意义[177]，灌溉引水量减少势必会打破区域水盐平衡体系，影响灌区农业水文过程[155]。在新的水资源约束条件下，厘清干旱浅埋深河套灌区农田水循环特征和水量均衡规律是制定用水管理决策的前提。灌区灌溉水、地下水与土壤水的联合调配是实现河套灌区水资源合理开发利用、防治土壤盐渍化等多目标综合治理的有效途径。全面了解土壤水分及地下水动态是掌握土壤水均衡要素、循环规律与水分转化关系的基础，对加强水资源的集约管理具有重要的现实意义[20]。为确定限制引水背景下河套灌区土壤水-地下水动态及其转化关系，本章选取河套灌区典型斗渠灌排单元，基于2年的土壤水和地下水监测数据，分析在不同作物种植区，不同灌溉期的农田土壤水、地下水动态变化规律。运用水量均衡法对地下水浅埋区农田土壤水与地下水的转化关系进行定量研究，旨在为当地及相近地区农业节水灌溉、施行有效的灌排管理和完善灌排系统提供科学依据。

## 3.1 材料与方法

### 3.1.1 试验设计

为了解现状节水条件下土壤水分的动态变化，于2019年和2020年作物生育期在解放闸灌域沙壕分干渠一斗渠灌排单元开展了定位监测试验。综合考虑研究区作物种植结构、灌排条件等，研究区内的58个水盐定位监测点中，有30个监测点位于向日葵田块，18个监测点位于玉米田块，4个监测点位于小麦田块，6个监测点位于荒地。对位于不同田块的取样点进行取样监测，进而确定向日葵、玉米和小麦田块的土壤质量含水率。利用土钻分层取样，每个样品由3个重复取样的土样混合而成。取样深度分别为0～20cm、20～40cm、40～60cm、60～80cm、80～100cm。土壤质量含水率利用烘干法确定。在2019年和2020年作物生育期进行地下水环境监测，每5天记录研究区内8眼地下水观测井的水位埋深，并在灌水和降雨事件发生前后进行加测。

### 3.1.2 研究方法

#### 3.1.2.1 土壤储水量计算

土壤储水量计算公式为

$$W_i = 10 \sum_{i=1}^{n} \gamma_i h_i \theta_i \tag{3.1}$$

式中：$W_i$ 为第 $i$ 层土壤储水量，mm；$\gamma_i$ 为第 $i$ 层土壤的干容重，g/cm³；$h_i$ 为第 $i$ 层土壤的厚度，cm；$\theta_i$ 为第 $i$ 层土壤质量含水率，%。

#### 3.1.2.2　蒸散量计算

研究区不同田块腾发量采用作物系数法计算，计算公式为

$$ET_a = K_c ET_0 \tag{3.2}$$

式中：$ET_a$ 为田块腾发量，mm；$K_c$ 为无水盐胁迫、耕作和水管理条件良好下的作物系数，根据前人在河套灌区主要作物系数的研究成果[178-179]，确定不同生长阶段作物系数；$ET_0$ 为参考作物腾发量，mm，可由气象数据通过修正后的 Penman - Monteith 公式计算得出。

#### 3.1.2.3　地下水与土壤水交换量计算

研究区及周边一定范围内，地形平整，地面坡度较为平缓，加之周边农田种植与研究区相近，灌溉过程基本相同。研究区地下水水力梯度小，侧向径流较为稳定，故可认为地下水流入量与地下水流出量近似相等。此外，研究区四周沟渠及地界边界较为清晰，可认为其与外界无水量交换。在垂直方向上，土壤水均衡的补给项主要是灌溉水量、有效降水量、地下水补给量，消耗项主要是土壤蒸发量和作物蒸腾量。在一定时段内，研究区土壤水量均衡关系式为

$$\Delta W = P + I + \Delta Q - ET \tag{3.3}$$

式中：$\Delta W$ 为土壤储水变化量，mm；$P$ 为降水量，mm；$I$ 为灌溉水量，mm；$\Delta Q$ 为地下水补给量，mm；$ET$ 为区域腾发量，mm。

## 3.2　结果与分析

### 3.2.1　土壤水动态研究

土壤水是从地表到潜水面以上的非饱和带中的含水量[180]，能全面地反映灌溉事件、气候、土壤、作物之间交互作用对水分平衡的影响，是优化作物种植结构和揭示土壤盐渍化演化机制的关键性因子[181]。选取 2019 年和 2020 年生育期内的 5 次灌水时间为研究时段，分析研究区主要作物（向日葵、玉米、小麦）田块的不同土层土壤质量含水率动态变化（图 3.1）。

鉴于河套灌区的气候与特殊的灌溉制度，生育期内研究区剧烈的农田土壤质量含水率动态变化主要集中在灌水前后，各类作物田块不同深度土层的土壤质量含水率均发生了较为明显的波动，灌水定额不同，波动幅度并不相同。直观地看，0～20cm 深度土层土壤质量含水率的波动最为剧烈且幅度最大。灌水前，腾发作用使得下层土壤水分在毛管作用和扩散作用下对上层土壤水分进行补给，但土壤质量含水率仍呈随土层深度增加而增大的剖面形态。灌水后，0～40cm 深度土层土壤质量含水率迅速增大，随后灌溉水入渗补给会使 40～100cm 深度土层土壤质量含水率增大，土壤水在灌溉降雨和腾发的共同作用下出现了显著而复杂的重分布过程。总体来讲，0～40cm 深度土层土壤质量含水率受灌溉降雨和腾发作用影响较大；40～100cm 深度土层土壤质量含水率受灌溉入渗、潜水蒸发及作物根系耗水影响较大。40～100cm 深度土层土壤质量含水率变动相对较小。造成这

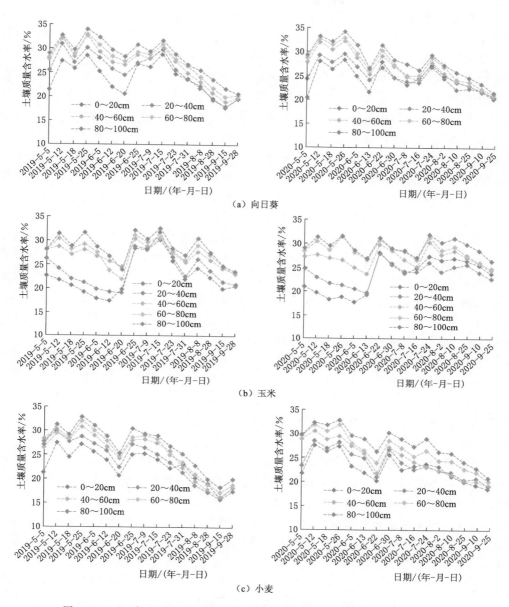

图 3.1 2019 年和 2020 年生育期不同作物田块土壤质量含水率动态变化

一现象的另一原因是生育期内除了第 3 次灌水对所有作物灌溉，每次灌水只针对相应作物灌溉，形成了对研究区的局部灌溉。灌溉田块的地下水位会明显高于未灌溉田块地下水位，产生的水力梯度驱使地下水从灌溉田块向未灌溉田块进行迁移，这部分迁移的地下水的潜水蒸发作用会补给未灌溉田块深层土壤水。

从时间变化趋势来看，冻融期结束后，土壤冻层融化对生育初期土壤水分进行了补充，生育期前两次灌水间隔较短，第 1 次针对向日葵地的春灌和小麦苗期进行灌溉，第 2 次的灌溉作物相同但灌水总量减少。生育初期腾发作用相对较弱且降水量较少，灌水是该阶段土壤质量含水率变化的主要影响因素。2 年的向日葵和小麦田块 0～100cm 深度土层土壤质量含水率显著增加，地下水通过毛细作用进入玉米田块，也使其深层土壤质量含水率有所增加。第 3 次为全面灌溉，玉米田块在生育期内得到第 1 次灌水，灌后 0～40cm 深度土层土壤质量含水率会显著增加。进入生育中期会迎来降雨集中期和高峰期，降雨会对土壤水进行补给，使得表层土壤出现明显波动，第 4 次、第 5 次灌水让灌溉田块整体的土壤质量含水率产生剧烈波动。但直到生育期结束，腾发作用会一致持续并加剧消耗土壤水，表现为各作物田块整体土壤质量含水率在波动中持续降低。

不同作物的生育期、灌水日期、灌水量、根系长度及发达程度不尽相同，对土壤水分的消耗也不同。相较于向日葵和小麦，玉米的生育期最长，向日葵和小麦有大量的土壤水分消耗于播种前和收获后的裸土蒸发。例如小麦到 7 月中下旬收获后地表裸露导致蒸发作用强烈，如在秋浇前无灌溉补充，深层土壤会向上补充水分，因此深层土壤质量含水率相较于向日葵和玉米会相对较低。不同作物田块土壤水分的剧烈变化主要集中在其对应的灌水事件前后，生育期内各作物的灌水时间不同，其中向日葵为第 1 次、第 3 次、第 4 次灌水，玉米为第 3 次、第 4 次、第 5 次灌水，小麦则第 1 次、第 2 次、第 3 次灌水。玉米和向日葵的灌水量较为充足，小麦的灌水量相对较少，从图 3.1 中也可看出各类作物的灌水次数、灌水量以及灌水时间。玉米和向日葵主要根系均在 0～100cm 深度，主要消耗 0～100cm 深度土层土壤水分，而小麦根系相对较短，对土壤水分的消耗主要集中在 40cm 深度以上。每年作物种植结构的调整、降雨等也会对灌溉事件产生一定影响，厘清不同年份不同作物田块土壤质量含水率在生育期内的动态变化对于指导灌溉具有现实意义。在研究区及河套灌区这样的地下水浅埋深区，生育期内主要作物的土壤质量含水率在灌水、降水补充及腾发消耗作用下呈现出明显的动态变化。

### 3.2.2　地下水动态研究

引黄灌溉对河套灌区农业生产有着重要作用，传统畦灌的地面灌溉技术，加之畦块较大，造成田间渗漏损失较多。田间未衬砌的末级土渠使得渠道渗漏也较大，因此地下水位较高。河套灌区地下水位受多重因素影响[121,182-183]，比如灌排工程与管理、种植结构、土地利用、气象因素等。研究区地下水位较高，季节性变化和受灌水影响而表现出的周期变化是其显著的特点。准确把握地下水动态是合理开发利用农田地下水的基础。本章以 2019 年 5 月 1 日至 2020 年 5 月 1 日为一个水文年，分析研究区地下水动态（图 3.2）。

研究区地下水埋深年内动态变化可分为 5 个阶段。全年灌水事件共有 6 次，分别是夏灌 3 次、秋灌 2 次、秋浇 1 次。生育期内第 3 次灌水是对主要作物全部灌溉，因此可将其余灌水事件视为局部灌溉。

生育期内进行了 4 次局部灌水，各观测井地下水位的变化过程基本相同。距离灌溉田块较近的观测井的地下水位在灌水前后会出现急剧的升降过程，但并未和其他观测井表现出明显的水位升降速率差别。原因是局部灌溉对大部分农田都进行灌溉，灌溉农田与未灌溉农田交错分布，土壤渗漏率较高，土壤水未达到田间持水量时就开始补给地下水。由于灌溉时间不同，不同的种植作物农田以及耕地、荒地间地下水会存在水分交换，浅埋深地下水系统使得水分交换较为充分，各观测井地下水位大致经历了相同幅度的波动。

（1）夏灌阶段（5 月上旬至 7 月上旬）。生育期内第 1 次灌水是在 5 月 4 日，灌溉水

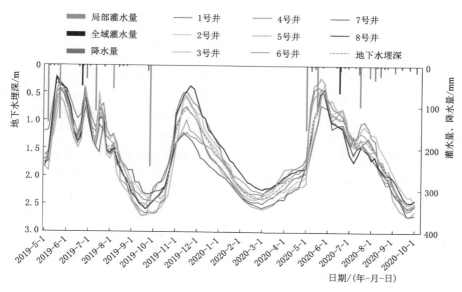

图 3.2　研究区地下水动态图

与冻融水共同补给导致地下水位迅速上升，出现了第 1 次水位高峰，地下水埋深为 0.41m，为本年度最小值。地下水位受灌水量和灌水频率的影响显著，随着生育期的延续，作物腾发作用增强，开始消耗地下水，地下水位呈现峰谷交替变化，在 7 月夏灌期，地下水埋深会出现低谷，夏灌期平均地下水埋深约为 1m。在灌水初期，7 号井地下水埋深相对较浅，原因可能是其距离沙园分干沟较近，受浸透侧渗作用较其他区域强烈。

（2）秋灌阶段（7 月上旬至 9 月中旬）。相较于夏灌期，秋灌期灌溉定额较小，降水量约占生育期内降雨总量的 67.2%。秋灌初期水位升降相对剧烈，受有效降水量影响显著，分析原因是：各观测井所处地块的作物不同，例如 3 号、7 号和 6 号井分别处于裸地和收获完的小麦地，相较于其他地处有作物覆盖田块的观测井，在降雨集中期地下水位较高；后期各观测井地下水埋深差异变小，因为这一时期地下水受观测井周围作物覆盖、灌水时间，微地形等的影响。秋灌期是作物生长旺季，强烈的腾发作用抵消了部分灌溉降水导致的地下水位的增量。地下水埋深在秋浇前达到最深，约为 2.55m。

（3）冬储阶段（9 月中旬至 11 月中旬）。生育期内最后 1 次灌水距秋浇约 2 个月，9 月中旬局部地下水埋深达到最大，约为 2.74m。期间几乎无其他形式的水分对研究区进行补给，地表高程差异是造成各观测井地下水埋深差异的主要原因。秋浇灌水量之大、灌期之长为全年之最，局部秋浇初期不同观测井地下水埋深有着明显差异，不同区域间地下水有较大水力梯度，随后水力梯度驱使整个研究区地下水位保持着较为同步的上升速率，区域不同，灌水时间有所差异，研究区北部达到水位峰值的时间略晚。平均上升速率约为 3.6cm/d。冬储阶段地下水埋深一般在 1m 以下，变幅约为 1.38m，部分地区最浅时可达到约 0.36m。

（4）封冻阶段（11 月中旬至次年 3 月中旬）。11 月中旬后各处地下水位开始同步降低并保持较为规律的高低次序，从南向北（从 1 号、2 号、3 号井向 4 号、5 号、6 号井）表现出依次降低的趋势，处在研究区北部的 7 号、8 号井距离排沟较近，排水排盐条件相对较好，地下水位降低相对较快。封冻阶段地下水整体保持了从南向北的流动方向。随着地下水位的持续降低，各观测井间地下水位差距也逐渐缩小，意味着水力梯度也在不断减小。土壤冻结前，地下水降至临界埋深之下会成为冻融期间盐分上行的推动力[184]。包气带本身的垂直水分交替是此期间地下水埋深增大的主要原因。冻土上层和下层之间较大的温差差异，使得地下水向冻层中聚集，冻层厚度不断增加，到 3 月地下水降低到全年较大水位低谷，变幅约为 1.54m。

（5）春融阶段（3 月中旬至 5 月上旬）。3 月土壤冻层达到最深，期间基本无水分补给，地下水位较低。冻融期结束后，土壤开始解冻，冻层上部的消冰水蒸发，下部融冻水补给地下水，地下水位开始上升，但受早期浅埋深的影响，土壤湿度较大，形成的冰冻层在随地温回升的过程中逐渐消融，直至融通后，地下水位显著上升，变幅约为 0.47m。

上述分析了 2019 年 5 月 1 日至 2020 年 5 月 1 日一个水文年内的地下水动态变化，下一个水文年会得到类似的周期性的重演。地下水位年变化一般有两个高峰和两个低谷，一个高峰在 5 月，由融冻水和夏灌水形成；另一个高峰出现在 10—11 月，主要由秋浇灌溉形成。两个低谷分别是秋浇前和冻融期结束前。生育期内地下水位总体呈下降的趋势，并在秋浇前达到最低。由于秋浇定额较大，秋浇阶段地下水位变化与秋浇过程基本同步发生。由于灌区水源条件的约束和种植结构的变化，近年来研究区为局部秋浇，其余农田在翌年春季进行春灌。秋浇结束后，土壤于 11 月中下旬开始冻结，在土壤冻结影响下，研究区地下水位会逐渐降低。直到翌年 3 月，冻融水回补会使地下水位上升，至 5 月初灌溉开始后地下水又开始受灌溉的显著影响。研究区主要是引水灌溉补给浅层地下水，浅层地下水埋深的变化与灌溉制度有着密切的联系。

### 3.2.3　土壤水均衡特征研究

#### 3.2.3.1　土壤储水量

根据式（3.1）计算三种主要作物的平均土壤储水量，再根据求得的不同作物平均土壤储水量，按照面积权重加权求和获得整个研究区的平均土壤储水量。研究区三种主要作物及研究区整体 0～100cm 深度土壤平均土壤储水量变化呈现一定规律（图 3.3）。2019 年和 2020 年生育期内的土壤储水量变动范围分别为 358.44～420.4mm 和 358.9～422mm。小麦生育期较短，在 7 月中旬收割后不再进行灌溉，地表覆盖较少，蒸发损失较大，其土壤质量含水率较低，2 年小麦田块的土壤储水量变化最大。2019 年种植向日葵和玉米的田块的土壤质量含水率波动基本一致，2020 年向日葵灌水量减少，玉米灌水期间的降雨较多，三种主要作物土壤储水量的波动基本都随着灌溉事件的发生而随之波动。在生育期结束后到秋浇前的这段时间，无外来水分补充加之腾发作用，使得土壤储水量也呈现下降的趋势。

#### 3.2.3.2　有效降水量与灌溉水量

降水是土壤水分的重要来源，降水量、降水强度和降水历时对地下水的补给特性有直接的影响[185]。最小有效降水量一般是指在一次降水期间可以稳定提高土壤相对湿度的最小降水量。一般认为 5mm 以上的降水是有效降水。2019 年作物全生育期降水总量为

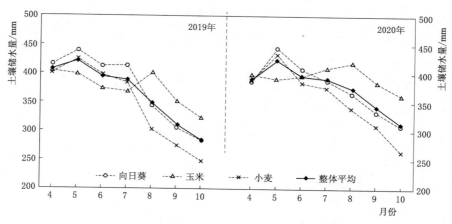

图 3.3  研究区 2019 年和 2020 年不同作物土壤储水量

66.39mm，其中有效降水量为 51.82mm。2020 年作物全生育期降水总量为 151.4mm，有效降水量为 129.8mm。

研究区向日葵、玉米、小麦的种植与生长周期不同，灌溉次数与灌水量也不相同。采用梯形量水堰测定典型地块主要作物的灌水定额（表 3.1 和表 3.2）。研究区每年灌水 6 次，分别为作物生育期内的 5 次灌水和 1 次秋浇灌水。第 1 次发生在 5 月初，作为向日葵的播前水和小麦苗期灌溉；第 2 次发生在 5 月下旬，部分未来得及灌溉的向日葵田块也第 2 次灌水，同时对小麦进行灌溉；6 月中下旬进行的第 3 次是对向日葵、玉米和小麦全部灌溉；第 4 次、第 5 次分别在 7 月中旬和 8 月上旬对向日葵和玉米进行灌溉。农民用水协会及管理段会根据实际情况调整放水、行水时间和放水量，例如研究区内向日葵种植面积占比较大，2019 年第 1 次行水时间略短，部分向日葵田块进行第 2 次补充灌溉，2020 年调整为第 2 次也对向日葵进行灌溉；2019 年第 3 次期间发生降雨，提前结束了行水时间，由第 4 次对第 3 次未灌溉的作物进行补充灌溉；2020 年准备进行第 4 次灌溉期间发生较多的降雨，因此推迟了放水时间。虽然每年种植结构都有调整，但是生育期现有的灌溉制度较为稳定。

表 3.1　　　　　　　　　　　　　2019 年试验区种植及灌溉情况

| 灌溉阶段 | 作物 | 灌溉事件 | 灌溉日期/（月-日） | 灌水定额/mm | 灌溉总额/mm |
|---|---|---|---|---|---|
| 生育期 | 向日葵 | 第 1 次 | 5-8 | 209 | 452 |
| | | 第 3 次 | 6-22 | 97 | |
| | | 第 4 次 | 7-11 | 146 | |
| | 玉米 | 第 3 次 | 6-22 | 106 | 396 |
| | | 第 4 次 | 7-11 | 158 | |
| | | 第 5 次 | 8-4 | 132 | |
| | 小麦 | 第 1 次 | 5-8 | 115 | 273 |
| | | 第 2 次 | 5-22 | 81 | |
| | | 第 3 次 | 6-22 | 77 | |
| 秋浇 | — | 第 6 次 | 9-28 | 241 | 241 |

表 3.2　2020 年试验区种植及灌溉情况

| 灌溉阶段 | 作物 | 灌溉事件 | 灌溉日期/(月-日) | 灌水定额/mm | 灌溉总额/mm |
|---|---|---|---|---|---|
| 生育期 | 向日葵 | 第 1 次 | 5-8 | 156 | 388 |
| | | 第 2 次 | 5-20 | 102 | |
| | | 第 3 次 | 6-18 | 38 | |
| | | 第 4 次 | 7-19 | 92 | |
| | 玉米 | 第 3 次 | 6-18 | 93 | 340 |
| | | 第 4 次 | 7-19 | 129 | |
| | | 第 5 次 | 8-5 | 118 | |
| | 小麦 | 第 1 次 | 5-8 | 91 | 228 |
| | | 第 2 次 | 5-20 | 97 | |
| | | 第 3 次 | 6-18 | 40 | |
| 秋浇 | — | 第 6 次 | 10-6 | 222 | 222 |

### 3.2.3.3　作物蒸腾

2019 年和 2020 年作物生育期不同田块和荒地腾发量见表 3.3。研究区内主要作物的生育期长短差别较大，因此不同作物地块生育期腾发量差异相对较大。向日葵田块灌水量较为充足，且作为耐盐作物，在生育期几乎不受水盐胁迫，因此 2 年的腾发量差异相对不大。玉米生育期最长，且灌水量较充足，2 年腾发量最大，分别为 484.3mm 和 534.5mm。小麦生育期最短，但整个研究时段和向日葵、玉米地块的腾发量相差并不大。例如在 2019 年，灌水充足且频繁的向日葵和玉米腾发量分别为 463.8mm 和 484.3mm，而小麦田块也达到了 427.9mm。对比 2 年生育期腾发量和整个研究时段总腾发量，小麦和向日葵只占其全研究时段的 73.5% 和 88.8%，究其原因是有部分水被播前及收获后的裸土蒸发消耗。播前较大的灌水量使得地下水位迅速升高，温度较低的土壤下层未完全融通，灌溉水入渗速率较慢，蒸发作用造成大量的无效耗水。例如 2019 年作物生育期腾发量占整个研究时段的 68%，荒地腾发量占 22.7%，其余为裸土蒸发损失。2 年研究区空间平均腾发量分别为 465.5mm 和 434.8mm，2019 年腾发量偏大，分析原因是，虽然 2020 年作物生育期降雨频繁且降水量多，但引水总量相比 2019 年减少了 28.76 万 $m^3$。在作物生长旺盛期的 6 月或者 7 月蒸散值最大，2019 年 6 月、7 月的平均温度要高于 2020 年同时期的温度。

表 3.3　2019 年和 2020 年作物生育期不同田块和荒地腾发量

| 作物 | 生长季/(月-日) | 2019 年 | | 2020 年 | |
|---|---|---|---|---|---|
| | | 研究时段总腾发量/mm | 生育期腾发量/mm | 研究时段总腾发量/mm | 生育期腾发量/mm |
| 向日葵 | 5.30—9.30 | 463.8 | 411.4 | 433.6 | 385.1 |
| 玉米 | 5.1—9.30 | 484.3 | 484.3 | 534.5 | 534.5 |
| 小麦 | 3.31—7.21 | 427.9 | 312.3 | 480.9 | 355.9 |
| 瓜菜 | 5.1—8.15 | 395.7 | 350.7 | 416.7 | 366.3 |
| 荒地 | 5.1—9.30 | 527.7 | 527.7 | 541.8 | 541.8 |

### 3.2.4 土壤水与地下水的交换量

计算土壤水与地下水交换量的时间间隔设定为每次灌水前后取样观测的时间，根据式（3.2）计算出的，研究区生育期土壤水与地下水交换量如图 3.4 所示。

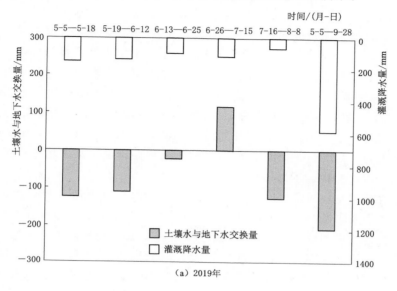

（a）2019年

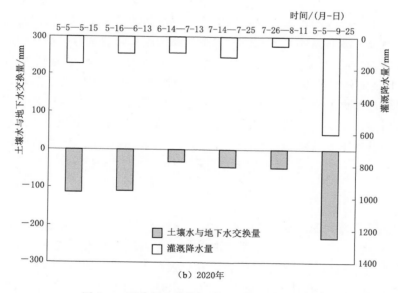

（b）2020年

图 3.4 研究区生育期土壤水与地下水交换量

由图 3.4 可知，生育期内土壤水与地下水交换频繁，其中正值表示地下水对土壤产生补给作用的水量，负值表示农田土壤水分渗漏到地下含水层的量。在设定的计算时段内，2年生育期内前两次灌水活动都产生了相对较大的土壤渗漏，分别为 124.37mm、109.6mm 和 113.52mm、111.41mm，分别占总土壤渗漏量的 32.60％、28.73％ 和 31.78％、31.19％。分析原因，主要是灌水量相对较多，第 1 次灌水同时具有春季土壤返盐淋洗的作用。此外，由于行水条件的限制，第 1 次和第 2 次灌水间隔时间较短，较大的灌水量使得土壤水迅速超过田间持水量，随后入渗补给地下水；随着气温的上升、腾发作用的增强，加之第 3 次灌水的灌水量较小，这期间降雨开始增多，在第 3 次灌水前后，地下水和土壤水之间的双向补给较为稳定，2 年土壤水补给地下水的水量分别为 21.64mm 和 34.67mm，占总土壤渗漏量的 5.67％和 9.71％；2019 年第 4 次灌水虽然灌水量较多，但间隔时间为 20 天，在此期间，由于强烈的腾发作用，土壤水被大量消耗，因此地下水对土壤水进行了补给，补给量为 116.81mm，而 2020 年第 4 次灌水选取的计算时段间隔较短，相较 2019 年灌水量减少，降水量较大，土壤水对地下水补给了 49.45mm，占总土壤渗漏量的 13.84％；2019 年生育期内最后 1 次灌水距离第 4 次灌水间隔时间相对较长，强烈的腾发作用使得地下水通过毛细作用补给土壤水，补给量为 125.93mm，2020 年第 4 次灌水结束后发生了 26mm 的降雨，这期间的腾发作用降低，加之第 5 次灌水使得地下水得到了 49.45mm 的渗漏补给量。

通过对生育期内 5 次灌水前后土壤水与地下水交换量进行分析可知，灌溉降雨是土壤水补给地下水的主要来源，生育期内每进行 1 次农田灌溉，农田土壤水分均会产生不同程度的渗漏。研究区仍以传统畦灌的地面灌溉技术为主，加之地块较大、土地平整不够和农民节水意识不够，灌水定额较大，与理论值有一定差异。再加上河套灌区特殊的一首制特大灌区特点，研究区内作物不可能适时灌溉，灌溉间歇期相对较长。总体来讲，作物在生育期内仍会受到多次水分胁迫，这时主要还得通过地下毛管水补给，满足作物需水过程，同时也存在表层土壤盐分的积累。农业用水紧张与浪费的现象并存，在河套灌区限制引水的大背景下，当前的灌溉制度并不合理，但是当前的灌溉管理运行机制受水源工程的约束又很难进行调整。虽然 2 年生育期整体土壤对地下水的补给水量分别为 207.73mm 和 236.94mm，但是生育期内地下水位总体呈下降的趋势并在全年的生育期末达到最低，分析原因是：虽然灌溉渗漏水会对地下水进行补给，但灌水结束后，由于作物强烈的蒸腾和土壤蒸发，灌溉渗漏水又重新回到根层被作物吸收利用，同时部分地下水迁移到未灌溉的盐荒地，还有部分地下水排水量。

## 3.3　讨论

土壤水动态及其转化是"四水"（大气水、地表水、土壤水、地下水）转换中的一个关键环节[186]，与地下水有着紧密联系，并能在一定条件下相互转化。不同的研究目的、方法等，使得土壤水和地下水变化规律的研究分别在各自独立的领域中发展。随着研究的深入，将土壤水与地下水作为整体进行研究可以更全面地认识土壤水、地下水运动规律[187]，定量研究土壤水和地下水的转化关系对于河套灌区水资源的可持续利用具有指导意义。

本书以河套灌区典型斗渠灌排单元生育期土壤水储量为核心，定量揭示了土壤水与地下水的转化关系。灌水补充及腾发消耗使得土壤水分呈现明显的交替变化，宫兆宁等[188]也指出地下水浅埋区土壤剖面在气候条件作用下呈蒸发-入渗交替变化。王水献等[189] 在有关干旱绿洲农田土壤水分平衡的分析中也表明，在浅埋深灌区灌溉水量和降水量是土壤水补给的主要来源，消耗项则以底边界补给潜水和排水为主。这与本书所得结论基本一致，均可说明在干旱浅埋深灌区土壤水动态变化都呈现出近似的特点，而本书针对河套灌区作物插花式种植特点，分析不同年份主要作物田块的土壤质量含水率变化趋势，生育期内土壤水整体的消耗量大于补给量。地下水与土壤间发生着双向水量交换，两者间既接受补给又发生消耗。陈亚新等[190]认为在浅地下水埋深灌区，降雨或灌水引起的土壤水分入渗在短期内会超出非饱和带产生深层渗漏，从而对地下水进行补给。本书也证明灌水事件发生后出现农田土壤水分渗漏使得地下水发生明显波动的情况，受到灌溉制度的影响，一个水文年内的地下水埋深变动大致可分为 5 个阶段。

本书对土壤水和地下水之间的转化做了定量化研究。由于生育期内灌溉降雨和腾发作用较强，土壤水与地下水有明显的相互转化关系，而属于同一系统内部的地下水和土壤水之间的运动转化规律受多种因素的影响和制约。本书受限于监测频次和取样深度，后续还需要长期监测及深入研究，这有助于进一步揭示土壤水、地下水运动规律及其转化关系。运用适当的模型，结合研究区特点将土壤水和地下水相关数值进行模拟，不仅能够更为准确地描述土壤水与地下水的动态及转化规律，也可为农田节水灌溉提供一定的科学依据。

## 3.4　本章小结

（1）研究区主要作物的生育期、生物特性不尽相同，对土壤水分的消耗也不同。灌水日期、灌水量的不同会明显影响着土壤质量含水率的变化。不同年型作物种植结构的调整、降水量和灌溉事件间会产生一定的交互影响。研究区生育期内的灌溉＋降水补给的土壤水分别为 544.56mm 和 541.85mm，平均腾发量分别为 465.5mm 和 434.8mm，土壤储水量分别减少 61.96mm 和 63.1mm，2019 年和 2020 年生育期内的土壤储水量变动范围分别为 358.44～420.4mm 和 358.9～422mm。

（2）地下水的季节性变化和灌水后的剧烈波动是其明显特点，灌水后，土壤水渗漏补给地下水会明显抬升地下水位，地下水排水和潜水蒸发又会降低地下水位。地下水位变化在一个水文年周期内一般有两个高峰和两个低谷，在下一个水文年会发生类似的周期性重演。

（3）在研究区以及河套灌区这样的地下水浅埋区，土壤水和地下水在灌溉降水补充和腾发作用下动态变化较为明显，且两者间存在动态响应关系。生育期内，土壤水和地下水双向交换频繁，2 年生育期土壤水分别补给地下水 207.73mm 和 236.94mm。灌水期间，土壤水对地下水进行单向补给。灌溉期结束后，在强烈的腾发作用下，土壤水逐渐被消耗，地下水可以利用毛管上升作用补给土壤水。

# 第4章　不同盐分阈值条件下典型斗渠灌排单元土壤盐渍化风险评价

随着节水改造工程的大力实施，河套灌区水盐平衡和农业水文过程不断变化。第3章对土壤水-地下水及其转化关系进行了初步研究，在此基础上进行了土壤盐渍化风险评价并明确其对于指导农业生产、防治土壤盐渍化具有的重要意义[191]。运用地统计学和经典统计学并结合 GIS 进行区域土壤盐分动态分析可取得较好结果[104]。常年引黄灌溉加之排水不畅使得灌区地下水埋深较浅[192]；传统种植方式使得集约化程度低，农田呈细碎化，各类作物呈插花式分布[172]；生育期内各类人为耕作、灌排等因素使得河套灌区土壤盐分呈现较强的变异性且较难反映，单元指示 Kriging 法能在不去掉特异值的条件下进行合理的区域不确定性估计[48]，可以有效解决生态学、地理学、环境科学等诸多领域中的问题[53]，在土壤盐分变异性强地区的盐渍化风险分析评价上具有一定的优势。因此本章根据典型斗渠灌排单元特点设定不同盐分阈值，应用单元指示 Kriging 法进行长时期不同土层土壤盐渍化风险分析，并对结果进行交叉验证以及概率预测变化分析，目的在于为该地区及相近地区土壤盐渍化防治、土地资源管理利用和合理利用地下水资源提供理论依据。

## 4.1　材料与方法

### 4.1.1　试验设计

野外取样时间为 2018—2020 年，研究区气象条件在 3 年期间没有产生较大变化，土壤水盐与地下水环境较为相似，因此以 2019 年为例，在 2019 年的 4—10 月对研究区内的 58 个土壤水盐监测点进行取样，分析此期间研究区的土壤盐渍化风险动态进行；基于 8 个地下水观测井的监测数据，分析地下水环境动态变化。

### 4.1.2　研究方法

#### 4.1.2.1　地统计学方法

地统计学是空间变异理论的重要研究方法，不仅能够判断各变量空间变化的情况，还能够定量分析空间变化规律。半方差函数作为地统计学中的一个主要工具，能描述区域变量的空间变化特性，并给出最佳的空间插值参数[193]。半方差函数中有 3 个关键参数：块金值（$C_0$）是指区域化变量内部随机变化的大小，通常是由实验误差和小于采样尺度导致的变异；结构方差（$C$）反映由区域因素或空间自相关部分造成的变异；基台值（$C_0+C$）是指随着采样点间距的增大，半方差函数从初始的块金值达到相对稳定的一个常数，该值大小能够反映区域变量的变幅或系统的总变异程度。$C_0/(C_0+C)$ 表示由随机因素引起的空间变异占随机因素和区域因素引起的系统总变异的比例，可视作变量的空间相关程度；变程是指变量在某一稳定值时样本间的距离，在变程范围内，存在空间自相关性，超过变程范围，则不存在空间自相关性，其大小受观测尺度的影响。

### 4.1.2.2　指示 Kriging 法

指示 Kriging 法是普通 Kriging 法的非参数形式[194]，可以削弱右偏分布，处理特异值对变异函数及估计结果的影响，从某种意义上说，可以避免对变量空间变异真实性产生破坏，对区域变量的分布概率进行有效的估算[49]。简单介绍综合运用 GS＋和 ArcGIS 两种软件进行单元指示 Kriging 法分析的一般步骤，首先运用指示函数 $z_k$ 对初始值 $z(u)$ 进行二态指示变换[195-196]，原则上阈值是可以任选的，可以是一个临界值，也可以是一个区间范围，公式为

$$(u;z_k)=\begin{cases}1, & z(u)\geqslant z_k \\ 0, & z(u)<z_k\end{cases} \tag{4.1}$$

式中：$z_k$ 为指示函数；$z(u)$ 为初始值。

其次与下列线性方程结合，对非采样点的指标变量进行拟合[50,197]，公式为

$$i^*(u_0;z_k)=\sum_{\alpha=1}^{n}\lambda_\alpha i(u_\alpha;z_k) \tag{4.2}$$

式中：$i(u_\alpha;z_k)$ 为已知采样点 $u_\alpha$ 的指示变换值；$i^*(u_0;z_k)$ 表示待估点 $u_0$ 的估计值；$n$ 为用于估计 $i^*(u_0;z_k)$ 的样点数，$\alpha=1,2,\cdots,n$；$\lambda_\alpha$ 为 $i(u_\alpha;z_k)$ 的权重系数，可以用式（4.3）的指示 Kriging 体系方程组求解。

$$\begin{cases}\sum_{\beta=1}^{n}\lambda_\beta=1 \\ \sum_{\beta=1}^{n}\lambda_\beta\gamma_i(u_\alpha-u_\beta;z_k)+\eta=\gamma_i(u_\alpha-u_0;z_k)\end{cases} \tag{4.3}$$

式中：$\eta$ 为拉格朗日乘子；$\gamma_i$ 为 $z_k$ 阈值条件下第 $u_\alpha$ 和 $u_\beta$ 之间以及 $u_\alpha$ 和 $u_0$ 之间的指示半方差值，$\alpha=1,2,\cdots,n$。

### 4.1.2.3　插值精度验证方法

采用均值误差（ME）和均方根误差（RMSE）以及决定系数 $R^2$ 验证插值精度。$ME$ 和 $RMSE$ 越接近 0，精度越高，$R^2$ 能从正面判定变异函数模型拟合的优劣，其值在 0～1 之间，决定系数越大说明拟合将越好，可以更好地捕捉到实测值的变动趋势。

### 4.1.2.4　数据处理方法

采用 SPSS 22.0 进行土壤盐分的统计分析，利用 GS＋9.0 计算不同阈值条件下的土壤盐分指示值的半方差函数，利用 ArcGIS 10.2 中的 Kriging 插值法绘制土壤盐渍化风险分布图，同时计算相应阈值条件下盐分含量预测概率均值。

## 4.2　结果与分析

### 4.2.1　土壤盐分的统计特征分析

研究区土壤盐分的统计特征值见表 4.1。2019 年 4—10 月，0～40cm、0～100cm 深度土层土壤盐分均值分别为 2.90～3.38g/kg 和 2.26～3.41g/kg，各时期不同深度土层土

壤基本均属于轻度盐渍化土[198]。不同深度土层土壤盐分最小值均出现在 5 月，0～40cm 深度土层最大值出现在 10 月，属于中度盐渍化土；0～100cm 深度土层土壤盐分最大值出现在 4 月。除了 4 月，各时期土壤盐分均表现为 0～40cm 深度大于 0～100cm，说明 0～40cm 深度耕层土壤盐分存在较为明显的表聚现象。

当变异系数 Cv 不大于 10％时，呈弱变异性；当变异系数大于 10％且不小于 100％时，呈中等变异性；当变异系数不小于 100％时，为强变异性。各时期 0～40cm、0～100cm 深度土壤盐分的变异系数分别为 0.51～0.66 和 0.41～0.54，均属于中等变异强度[199]。总体来看，研究区盐渍土改良效果较好，但是仍有部分地区盐分含量较高，盐渍化程度相对严重。研究区土壤盐渍化受地下水埋深、地下水矿化度、土壤质地、人类活动等的影响，通常都有较强的变异性，且在进行区域土壤水盐的分析中出现的一些特异值，并不是采样方法和分析误差所致，少部分的特异值数据会影响全部观测数据的正态分布和变异函数的稳定性[200]，指示 Kriging 法能削弱偏态分布和特异值对变异函数及估计结果的影响。在研究区盐渍化改良过程中，将重点放在监测盐分大于某一阈值或小于某一阈值在空间上的分布概率，估计给定位置超出规定阈值的概率[31]，绘制风险分布图更有现实意义。

表 4.1　　　　　　　　　　　研究区土壤盐分统计特征值

| 月份 | 土层深度 /cm | 土壤盐分最大值 /(g/kg) | 土壤盐分最小值 /(g/kg) | 土壤盐分均值 /(g/kg) | 标准差 | 变异系数 | 峰度 | 偏度 |
|---|---|---|---|---|---|---|---|---|
| 4 | 0～40 | 5.05 | 1.19 | 3.36 | 2.23 | 0.66 | −1.030 | 0.184 |
| | 0～100 | 5.30 | 1.22 | 3.41 | 1.61 | 0.47 | −0.714 | 0.094 |
| 5 | 0～40 | 5.76 | 1.06 | 2.90 | 1.78 | 0.61 | −0.529 | 0.643 |
| | 0～100 | 3.83 | 0.85 | 2.26 | 1.21 | 0.54 | −0.538 | 0.374 |
| 6 | 0～40 | 6.28 | 1.22 | 3.14 | 2.03 | 0.65 | −0.672 | 0.522 |
| | 0～100 | 6.46 | 1.18 | 3.11 | 1.61 | 0.52 | 0.138 | 0.665 |
| 7 | 0～40 | 5.65 | 1.13 | 3.04 | 1.87 | 0.62 | −0.892 | 0.429 |
| | 0～100 | 4.54 | 1.02 | 2.71 | 1.34 | 0.49 | −1.068 | 0.292 |
| 8 | 0～40 | 6.05 | 1.03 | 3.18 | 1.86 | 0.58 | −0.395 | 0.207 |
| | 0～100 | 3.82 | 0.94 | 2.65 | 1.08 | 0.41 | −0.641 | −0.566 |
| 9 | 0～40 | 7.36 | 1.12 | 3.24 | 1.69 | 0.52 | 1.198 | 0.802 |
| | 0～100 | 4.72 | 1.16 | 2.77 | 1.16 | 0.42 | −0.531 | 0.348 |
| 10 | 0～40 | 5.80 | 1.29 | 3.38 | 1.73 | 0.51 | −1.167 | 0.298 |
| | 0～100 | 5.42 | 1.19 | 2.98 | 1.41 | 0.47 | −0.470 | 0.313 |

## 4.2.2　不同阈值条件下土壤盐分空间变异性研究

### 4.2.2.1　阈值的选择

指示 Kriging 法应用的关键是阈值的选择。参考相关土壤盐渍化划分等级标准[198]，在半干旱地区，轻度和中度盐渍化土对应的耕作层土壤含盐量分别为 1～2g/kg 和 2～4g/kg；在干旱地区，对应的分别为 2～3g/kg 和 3～5g/kg。同时参考相关研究成果[63,176,201]，根据河套灌区解放闸灌域的气候特征、土壤含盐量、作物类别、种植结构和耐盐能力，选取

2g/kg 和 3g/kg 作为土壤盐分阈值，虽然所分析的土层深度不同，但为了将各时期土壤盐渍化空间分布格局进行比较，即认为土壤含盐量大于 2g/kg 时，达到轻度盐渍化以上，大于 3g/kg 时则达到中度盐渍化以上。

#### 4.2.2.2 不同阈值条件下土壤盐分指示变异函数特征

利用 GS+9.0 模型，对经指示变换后各个阶段的不同土层土壤盐分进行多次模拟，遵照决定系数 $R^2$ 最大、残差 $RSS$ 最小的原则。不同盐分阈值条件下，各时期不同土层土壤盐分指示半方差函数模型及其参数详见表 4.2 与表 4.3。

从表 4.2 和表 4.3 中可看出，不同盐分阈值条件下，各时期不同土层土壤盐分指示变异函数均符合高斯模型，块金值较大则说明较小尺度上的某些过程不容忽视[202]，$C_0/(C_0+C)$ 的范围为 0.405~0.688，可见在不同阈值条件下，各时期不同土层土壤盐分均表现为中等空间自相关性，说明土壤盐分的空间变异是由结构性因素（气候、地形、土壤质地、水文地质条件等）和随机性因素（灌溉制度、盐渍土改良、种植结构、耕作措施等）共同引起的。

表 4.2　　　　　　　　　阈值为 2g/kg 时的半方差函数理论模型及相关参数

| 月份 | 土层深度 /cm | 模型 | $C_0$ | $C_0+C$ | $C_0/(C_0+C)$ | 变程 /m | $RSS$ | $R^2$ |
|---|---|---|---|---|---|---|---|---|
| 4 | 0~40 | 高斯 | 0.128 | 0.186 | 0.688 | 149 | 0.013 | 0.638 |
| | 0~100 | 高斯 | 0.086 | 0.157 | 0.548 | 166 | 4.61E$^{-3}$ | 0.799 |
| 5 | 0~40 | 高斯 | 0.144 | 0.219 | 0.658 | 135 | 5.59E$^{-3}$ | 0.547 |
| | 0~100 | 高斯 | 0.118 | 0.284 | 0.415 | 138 | 4.83E$^{-3}$ | 0.820 |
| 6 | 0~40 | 高斯 | 0.109 | 0.214 | 0.509 | 139 | 3.64E$^{-3}$ | 0.651 |
| | 0~100 | 高斯 | 0.077 | 0.171 | 0.450 | 180 | 4.96E$^{-3}$ | 0.814 |
| 7 | 0~40 | 高斯 | 0.127 | 0.221 | 0.575 | 140 | 5.91E$^{-3}$ | 0.532 |
| | 0~100 | 高斯 | 0.133 | 0.221 | 0.602 | 135 | 5.91E$^{-3}$ | 0.532 |
| 8 | 0~40 | 高斯 | 0.126 | 0.203 | 0.621 | 135 | 2.02E$^{-3}$ | 0.711 |
| | 0~100 | 高斯 | 0.105 | 0.230 | 0.457 | 135 | 2.50E$^{-3}$ | 0.762 |
| 9 | 0~40 | 高斯 | 0.141 | 0.215 | 0.656 | 133 | 3.67E$^{-3}$ | 0.616 |
| | 0~100 | 高斯 | 0.074 | 0.184 | 0.413 | 129 | 2.56E$^{-3}$ | 0.602 |
| 10 | 0~40 | 高斯 | 0.070 | 0.165 | 0.424 | 147 | 0.010 | 0.638 |
| | 0~100 | 高斯 | 0.068 | 0.168 | 0.405 | 176 | 4.36E$^{-3}$ | 0.818 |

表 4.3　　　　　　　　　阈值为 3g/kg 时的半方差函数理论模型及相关参数

| 月份 | 土层深度 /cm | 模型 | $C_0$ | $C_0+C$ | $C_0/(C_0+C)$ | 变程 /m | $RSS$ | $R^2$ |
|---|---|---|---|---|---|---|---|---|
| 4 | 0~40 | 高斯 | 0.159 | 0.233 | 0.682 | 136 | 7.82E$^{-3}$ | 0.528 |
| | 0~100 | 高斯 | 0.139 | 0.256 | 0.543 | 138 | 9.64E$^{-3}$ | 0.771 |
| 5 | 0~40 | 高斯 | 0.125 | 0.233 | 0.536 | 160 | 9.61E$^{-3}$ | 0.819 |
| | 0~100 | 高斯 | 0.112 | 0.208 | 0.538 | 158 | 0.026 | 0.724 |

续表

| 月份 | 土层深度/cm | 模型 | $C_0$ | $C_0+C$ | $C_0/(C_0+C)$ | 变程/m | RSS | $R^2$ |
|---|---|---|---|---|---|---|---|---|
| 6 | 0～40 | 高斯 | 0.153 | 0.229 | 0.668 | 166 | 0.015 | 0.701 |
| | 0～100 | 高斯 | 0.145 | 0.246 | 0.589 | 142 | 0.010 | 0.700 |
| 7 | 0～40 | 高斯 | 0.133 | 0.243 | 0.547 | 143 | $9.07E^{-3}$ | 0.693 |
| | 0～100 | 高斯 | 0.102 | 0.230 | 0.443 | 142 | $6.37E^{-3}$ | 0.631 |
| 8 | 0～40 | 高斯 | 0.121 | 0.221 | 0.548 | 155 | 0.017 | 0.670 |
| | 0～100 | 高斯 | 0.116 | 0.223 | 0.520 | 154 | 0.012 | 0.763 |
| 9 | 0～40 | 高斯 | 0.153 | 0.266 | 0.575 | 145 | $4.27E^{-3}$ | 0.866 |
| | 0～100 | 高斯 | 0.127 | 0.270 | 0.470 | 142 | $2.99E^{-3}$ | 0.956 |
| 10 | 0～40 | 高斯 | 0.104 | 0.226 | 0.460 | 161 | $3.14E^{-3}$ | 0.788 |
| | 0～100 | 高斯 | 0.111 | 0.248 | 0.448 | 178 | $4.66E^{-3}$ | 0.738 |

### 4.2.3　不同阈值条件下土壤盐分预测概率

根据指示变异函数模型，利用 ArcGIS 10.2 对其主要概率分布区间、预测概率均值和面积比进行统计（图 4.1 和图 4.2）。图中 A1、A2 分别表示阈值为 2g/kg 时 0～40cm 和 0～100cm 深度土层土壤盐分，C1、C2 分别表示阈值为 3g/kg 时 0～40cm 和 0～100cm 深度土层土壤盐分。A1、A2 的主要分布概率区间均为 0.8～1.0，预测概率均值范围分别为 0.680～0.774 和 0.450～0.729。C1、C2 主要分布概率区间分别为 0.8～1.0 和 0.4～0.6、0.8～1.0，预测概率均值范围分别为 0.493～0.796 和 0.291～0.638。总体来说，在不同阈值条件下，土壤盐分概率预测特征有着较为明显的变化规律。随着盐分阈值的增大，主要概率分布区间的面积逐渐减小，而预测概率的均值均呈现减小的趋势。因此在进行区域盐渍化风险评价时，可以根据实际要求的风险大小选择合适的盐分阈值。

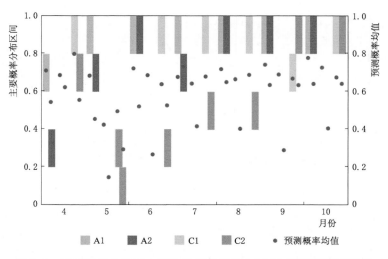

图 4.1　不同阈值条件下土壤盐分主要概率分布区间及预测概率均值

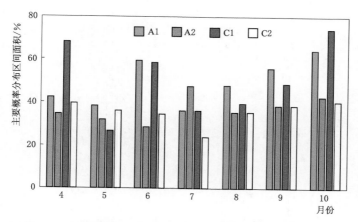

图 4.2 不同阈值条件下土壤盐分主要概率分布区间面积比

### 4.2.4 插值精度交叉验证

采用交叉验证的方法对插值精度进行检验，由表 4.4 可知，$ME$ 均接近 0，$RMSE$ 为 0.360~0.506g/kg，$R^2$ 均在 0.772 以上，说明插值具有较高的精确度。

表 4.4　　　　　　　　　　　　插 值 精 度 交 叉 验 证

| 阈值 /(g/kg) | 月份 | 0~40cm 深度土层 | | | 0~100cm 深度土层 | | |
|---|---|---|---|---|---|---|---|
| | | $ME$ /(g/kg) | $RMSE$ /(g/kg) | $R^2$ | $ME$ /(g/kg) | $RMSE$ /(g/kg) | $R^2$ |
| 2 | 4 | 0.096 | 0.424 | 0.893 | 0.089 | 0.360 | 0.881 |
| | 5 | 0.080 | 0.451 | 0.896 | 0.099 | 0.506 | 0.772 |
| | 6 | 0.072 | 0.461 | 0.910 | 0.093 | 0.365 | 0.878 |
| | 7 | 0.094 | 0.462 | 0.887 | 0.094 | 0.462 | 0.930 |
| | 8 | 0.081 | 0.408 | 0.899 | 0.092 | 0.453 | 0.933 |
| | 9 | 0.097 | 0.461 | 0.878 | 0.099 | 0.457 | 0.873 |
| | 10 | 0.093 | 0.401 | 0.897 | 0.089 | 0.373 | 0.912 |
| 3 | 4 | 0.091 | 0.499 | 0.845 | 0.093 | 0.464 | 0.909 |
| | 5 | 0.025 | 0.482 | 0.952 | −0.076 | 0.397 | 0.852 |
| | 6 | 0.059 | 0.443 | 0.909 | 0.071 | 0.476 | 0.906 |
| | 7 | 0.084 | 0.492 | 0.855 | 0.038 | 0.485 | 0.882 |
| | 8 | 0.083 | 0.469 | 0.885 | 0.035 | 0.456 | 0.893 |
| | 9 | 0.098 | 0.509 | 0.857 | 0.061 | 0.488 | 0.887 |
| | 10 | 0.047 | 0.447 | 0.922 | 0.057 | 0.420 | 0.907 |

### 4.2.5 不同阈值条件下各时期土壤盐分的单元指示 Kriging 分析

不同阈值条件下，各时期不同深度土层土壤盐分的空间概率分布如图 4.3~图 4.6 所示。由图 4.3 和图 4.4 可知，在不同阈值条件下，各时期不同土层土壤盐渍化风险分布在空间上分布规律大致是：各时期盐渍化高概率风险区主要集中在研究区北部，低风险区主

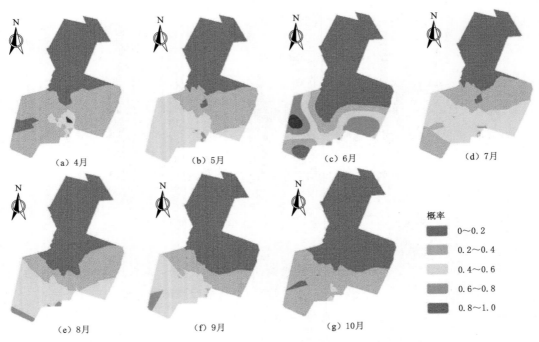

图 4.3　阈值为 2g/kg 时 0～40cm 深度土层土壤盐分的空间概率分布

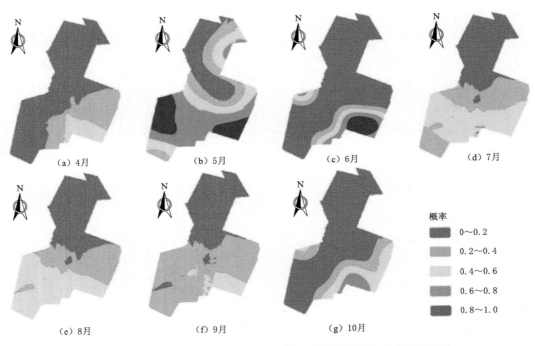

图 4.4　阈值为 2g/kg 时 0～100cm 深度土层土壤盐分的空间概率分布

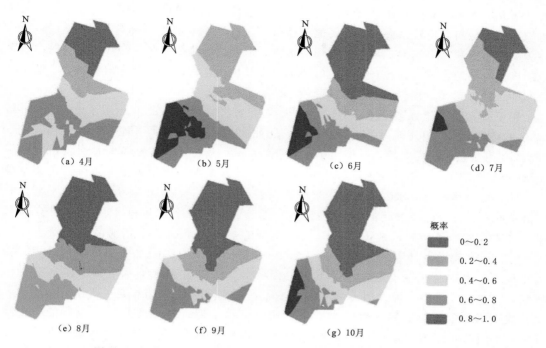

图 4.5　阈值为 3g/kg 时 0～40cm 深度土层土壤盐分的空间概率分布

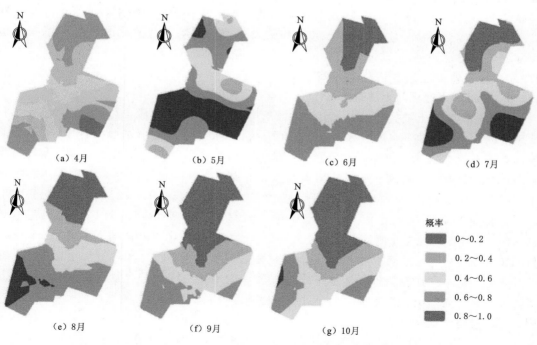

图 4.6　阈值为 3g/kg 时 0～100cm 深度土层土壤盐分的空间概率分布

要在研究区南部，从南到北呈增大的趋势。中度盐渍化高风险区基本包含了轻度盐渍化高风险区域，分布的位置（面积）随阈值的增加而逐渐减少和集中，随着盐分阈值的减小，高概率分布面积越来越大，预测概率均值增大；低阈值的小概率区包含在高阈值的小概率范围内，分布的位置（面积）随阈值的增加而逐渐增大，因此随盐分阈值的增大，低概率分布面积越来越大，预测概率均值越来越小。

鉴于研究区地下水浅埋深现状[133]、土壤盐渍化状况、农民个人用水意愿等原因，2018 年局部秋浇使得压碱淋盐效果不理想，因此 2019 年 4 月，即春灌前土壤平均含盐量较大，4 月虽然温度相对较低，但土壤已经开始解冻，解冻水将表层部分盐分淋洗到深层土壤及地下水中；5 月 0～40cm 深度耕层土壤盐分并未随着灌水事件的发生而大幅度减小，原因可能是推行节水政策，近年来研究区引水量减少，灌水定额减小。灌水后对盐分的淋洗并不充分，随着时间的推移，冻土层完全融通，地下水位处于生育期内较高水平，加之腾发作用，导致地下水和深层土壤中的盐分在下次灌水之前随着土壤水分在毛管作用和扩散作用下被带入到耕层土壤中。5 月内发生两次灌水活动，灌水量相对较为充足，排水排盐条件较好，深层土壤中大量盐分被淋洗到地下水中，经排水沟排出研究区；进入 6 月后，灌水事件间隔时间变长，灌水定额减少，各类主要作物逐渐步入生长快速期和生长旺盛期，而土壤盐分是从地下水中通过潜水蒸发进入土层的，土壤开始剧烈返盐，土壤盐渍化风险面积逐渐增大；生育期内 49.4% 的降水量发生在第 4 次灌水期间，频繁且大量的降水和灌水较好地淋洗了土壤盐分，也导致部分区域的土壤盐分发生重分布，降水、引水和强烈的腾发作用使得 7 月土壤盐渍化风险呈现的分布规律并不明显；进入 8 月后，随着生育期内最后 1 次灌水活动的结束，研究区几乎无外界水分补充，土壤盐分主要受地下水位和腾发作用的影响，盐渍化高风险区域基本呈缓慢增长的稳定趋势。

### 4.2.6　地下水对土壤盐渍化的影响

#### 4.2.6.1　地下水埋深与土壤盐渍化

地下水埋深是土壤盐渍化的一个决定性条件。地下水埋深越浅，蒸发量越大，土壤积盐风险越大。基于地下水埋深数据进行插值分析，得到研究区地下水埋深的时空动态分布图（图 4.7）。由图 4.7 可知，由于研究区地形呈南部高于北部，灌溉水和地下水径流均由南到北，形成了区域地下水埋深南深北浅的格局。5 月，即春灌开始后地下水埋深最小，平均约为 1m，地下水埋深高于平均值的地区约占研究区的 54.2%；到了生育中期，即 7 月的地下水埋深平均值约 1.12m，地下水埋深高于平均值的地区约占研究区的 43.7%；9 月，即秋浇前地下水埋深最大，地下水埋深约为 2.43m，地下水埋深高于平均值的地区约占研究区总面积的 49.0%。研究区地下水位的空间分布与耕层土壤盐分含量的分布格局基本存在相似性，即地下水埋深较深的地区土壤盐分含量低，地下水埋深越浅，蒸发量越大，土壤积盐越严重。只有将地下水控制在不至于因蒸发而使土壤积盐的深度，才能避免土壤发生盐渍化。

#### 4.2.6.2　地下水矿化度与土壤盐渍化

地下水中的可溶盐是土壤盐分的重要来源，其矿化度的大小对土壤含盐量有较大的影响。研究区南部的灌排设施相对完善，灌溉行水及排水排盐条件较好（图 4.8）。由

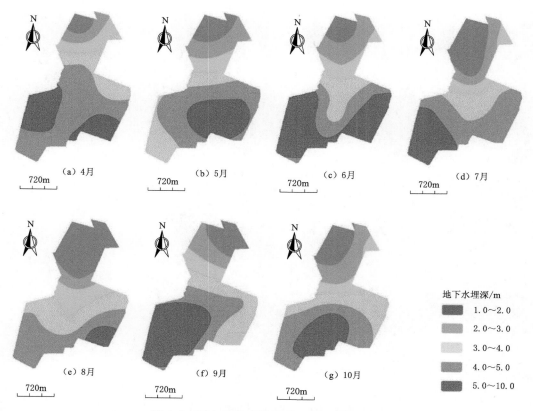

图 4.7　研究区各时期地下水埋深空间分布

于研究区地势南高北低，灌水后，地下水呈由南向北流动。因此研究区地下水矿化度呈现出南部低北部高、由南向北逐渐增大的趋势，这与研究区耕层土壤盐分的空间分布规律相一致。由于地下水的矿化度高，地下水向土壤中补给的盐分相应较多，土壤含盐量高。研究区地下水埋深与地下水矿化度的渐变规律基本一致，从南向北，地下水埋深逐渐变浅，地下水矿化度随之增加。两者的综合效应可能是影响区域土壤盐渍化分布格局的重要因素。

### 4.2.7　盐渍化风险分析

当盐渍化概率大于 0.5 时，认为其处于盐渍化高风险区，反之为低风险区。研究区生育期 0～40cm 深度土层轻度盐渍化风险面积占比分别约为 72.6%、68.4%、74.7%、79.1%、82.0%；中度盐渍化风险面积占比分别约为 57.6%、54.7%、48.0%、66.4%、65.2%。0～100cm 深度土层轻度盐渍化风险面积占比分别约为 43.6%、80.2%、74.7%、73.2%、91.7%；中度盐渍化风险面积占比分别约为 26.8%、47.5%、53.3%、43.1%、65.2%。在不同阈值条件下，不同土层的盐渍化高风险区基本随时间的推移而增加，到生育期结束前最大。而 0～40cm 深度土层土壤更易受到灌排活动、人类耕作的影响，表现为盐渍化高风险区的变动范围更大。

研究区各时期盐渍化高风险区面积大小不同，但盐渍化高低风险分布格局基本类似，

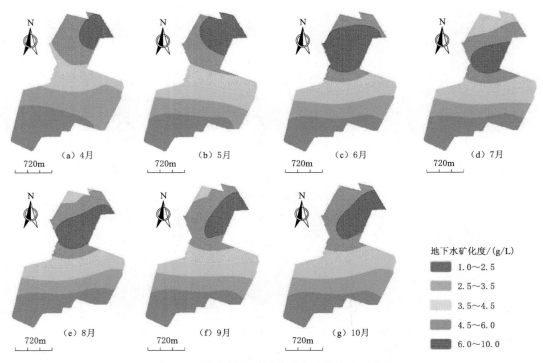

图 4.8　研究区各时期地下水矿化度空间分布

北部为土壤盐渍化高风险区，南部为低风险区。研究区西南部临近沙壕分干渠，东南部临近 X713 县道，县道另一侧是王守仁支渠。由于所属灌排单元不同，行水时间略有差异，导致研究区进行灌水时，西南及东南这两部分区域向沙壕分干渠及王守仁支渠区域的浸透侧渗作用较其他区域强烈。具体表现为这两个区域的地下水位相对较低，地下水矿化度也相对较低，这也是这两部分地区土壤盐分较低的原因之一。同时，研究区南高北低的地形特点，一定程度上影响着地下水位以及土壤盐分的空间分布特征，北部地势较为低平，毗邻沙园分干沟，沙园分干沟中的排水部分入渗到研究区北部，抬升了研究区北部的地下水位，加之沙园分干沟的排水矿化度较高，导致研究区北部地下水矿化度也较高，又因持续的地表蒸发作用，地下水中的可溶盐借助毛细管的作用上升，并在表层土壤积聚，导致研究区北部很多农田成为低产田，甚至部分成为裸露的盐斑地。

总体来说，确定灌排单元盐渍化风险区对盐渍化防治具有一定的参考作用。例如北部土壤盐渍化程度高、次生盐渍化风险大、分布密集，其改良利用，适宜选择以强化排沟功能的水利工程措施为主、农业生物防治措施为辅的综合治理方案；虽然南部地区的土壤盐渍化风险相对较低，但是其土地利用强度较高，农业活动频繁发生，故应加强田间管理，对土壤盐渍化适宜采用农业生物调控的方法，并完善农田排水系统，避免人为耕作活动造成土壤次生盐渍化。另外，该地区耕层土壤盐渍化概率分布图还可以为生育期作物种植的选择提供依据，例如在北部区域种植耐盐性较好的作物（如向日葵），在南部区域种植经济作物（如小麦、玉米等）。

## 4.3 讨论

土壤盐渍化一直是困扰河套灌区农业生产发展的主要问题，地统计学被认为是监测盐渍化地区及反映土壤盐渍化时空变化的有效工具[203]，反距离加权插值能够更加直观地反映区域和局部的变化趋势[204]，史海滨等[41] 将其应用在河套灌区沈乌灌域，就节水改造后地下水埋深变化造成的土壤盐分重分布进行评价，但该方法需要足够多的样本数据，且在分析过程中也出现了土壤盐分数据存在较大特异值而影响函数稳健性的问题；管孝艳等[24] 和窦旭等[42] 运用普通 Kriging 法分别分析了河套灌区沙壕渠灌域和乌拉特灌域土壤盐分时空动态变化，但普通 Kriging 法的平滑效应易使得预测值向均值或中值方向偏倚，从而使得预测结果难以明显反映局部变异特征[205]，同时河套灌区作物插花式种植和耕地、荒地交错分布的现状，加之取样点数量以及取样频次受限，都会使得区域盐渍化动态较难得到真实反映，本书选取斗渠尺度的灌排单元作为研究对象，灌排管理、微地形、地下水等因素是引起盐分空间异质性的主要因素，土壤盐分数据中难免会存在真实的特异值，从而影响克里格插值的精度及结果，选用指示 Kriging 法可以估计满足给定阈值的指示变量条件概率，绘制盐渍化风险分布图，是刻画区域化变量空间结构、反映土壤盐渍化风险更好的选择。

河套灌区地下水埋深较浅，灌水降雨以及腾发作用使得区域土壤水与地下水交互频繁，盐渍化动态较为复杂，同时河套灌区盐渍化分级情况较为复杂，指示 Kriging 法的关键是针对研究区的实际情况选取合适的阈值，在选取阈值时需要考虑研究区作物种类、耐盐程度以及当地的气候特征、地下水环境等，根据不同阈值目标的概率大小选定盐分阈值进行盐渍化风险评价。根据内蒙古河套灌区盐化等级标准，化骞寂等[206] 认为轻度盐渍土的阈值范围是 2～4g/kg；徐英[191] 则根据中国盐渍土划分标准，选取 2g/kg 和 3g/kg 作为解放闸灌域轻度和中度盐渍化的阈值标准。针对不同深度土层进行分析，盐分阈值的选择标准应略有不同，对于河套灌区盐渍化等级划分标准，应根据盐渍土改良区盐分数据的分布特点，考虑特定研究区的盐渍化状况、作物全生育期平均土壤浓度临界值、作物能容忍的土壤最大盐分值、气候特征、地下水含盐量及其成分等条件来选定阈值，本书参考解放闸灌域耕层土壤的盐渍化划分标准并以之作为不同土层土壤盐渍化阈值。

对于不同盐分阈值条件下预测概率均值、盐渍化风险分布特点，杨奇勇等[57-58] 以盐渍土改良典型县域禹城市为研究区域，对 3 个盐分阈值条件下的耕层土壤盐分的变异函数、预测概率及其空间分布的变化规律进行分析，研究表明，盐分阈值减小，土壤盐分的空间结构性增强，预测概率的均值随阈值的减小而增大，不同盐分阈值条件下，土壤盐分的概率预测分布具有空间上的规律性和相似性；徐英等[61] 运用指示 Kriging 法分析并得出了不同阈值条件下表层土壤发生中度盐渍化的高风险区基本包含在轻度盐渍化高风险范围内的结果。这与本书得出的盐分阈值为 3g/kg 的高概率分布区域基本都包含在阈值为 2g/kg 的高概率分布范围内的结论相符。

对于研究时段以及研究对象的选择，徐英等[25,61] 以研究区春灌前、秋浇前作为研究时段，李彬等[207] 选择生育期中某一特定时间进行研究，化骞寂等[206] 分析周年内耕层土壤盐分空间变异性却没涉及深层土壤盐渍化情况的不足，本书则考虑了灌溉活动对土壤盐分影响较大的情况，对各时期不同土层盐渍化情况进行风险评价，更有利于指导灌溉以及盐渍化改良活动。地下水环境对土壤盐渍化风险存在较大影响，但研究区布设的观测井数量相对较少，地下水环境空间分布的准确性不足，取样点的不足导致不能运用多元指示Kriging法分析土壤盐分、地下水矿化度和地下水埋深三者共同作用下土壤盐渍化发生的潜在风险。土壤水分和盐分的时空分布及其动态并不是相互独立的过程，本书仅就土壤盐分进行了分析，后续应该运用多元指示Kriging法同时将土壤水分、盐分整合成一个综合变量进行分析。

## 4.4　本章小结

（1）各时期土壤盐分基本表现为0～40cm深度土层大于0～100cm深度土层大于，呈明显的表聚现象。不同时期0～40cm、0～100cm深度土层土壤盐分的变异系数范围分别为0.51～0.66和0.41～0.54，均表现为中等变异特征；不同盐分阈值条件下，各时期不同土层土壤盐分指示变异函数均为高斯模型，且$C_0/(C_0+C)$的值为0.405～0.688，表现为均具有中等强度的空间相关性，说明土壤盐分的空间变异是由结构性因素和随机性因素共同引起的。

（2）阈值为2g/kg时0～40cm和0～100cm深度土层土壤盐分主要分布概率区间为0.8～1.0，预测概率均值范围分别为0.680～0.774和0.450～0.729，盐渍化高风险区面积范围为0.644～0.781和0.376～0.905。阈值为3g/kg时0～40cm和0～100cm深度土层土壤盐分的主要分布概率区间分别为0.8～1.0和0.4～0.6，预测概率均值范围分别为0.493～0.796和0.291～0.638，盐渍化高风险区面积范围为0.484～0.704和0.227～0.662。盐分阈值增大，主要概率分布区间的面积逐渐减小，而预测概率的均值均呈现减小的趋势。对插值精度进行交叉验证，阈值为2g/kg和3g/kg时0～40cm、0～100cm深度土层均值误差均接近0，均方根误差为0.36～0.509g/kg，$R^2$均在0.772以上，插值具有较高的精度。

（3）随着盐分阈值的增大，土壤盐分的预测概率均值和主要概率分布区间的面积均呈现明显减小的趋势。轻度和中度盐渍化土壤的盐分空间分布上具有相似的特征，中度盐渍化高概率分布区包含在轻度盐渍化的高概率分布范围内，轻度盐渍化低概率分布区包含在中度盐渍化的低概率分布范围内。可以依据盐渍土改良区的具体条件和不同阈值目标的概率大小选定盐分阈值，以进行盐渍化风险评估。

（4）研究区南部土壤盐渍化风险概率相对较低，北部土壤盐渍化风险相对较高且分布较集中，土壤盐渍化分布与研究区地形地貌、灌排设施、灌溉活动等有着密切的联系，宜采用以水利工程措施为主、农业生物措施为辅的综合治理方案，种植耐盐性较好的作物等。整体来说，研究区土地利用强度大，农业活动较频繁，应采取合理灌溉和优化作物种植布局等技术手段，可有效控制地下水位，完善灌排体系，以防治土壤盐渍化。

# 第5章　土壤盐渍化影响因素分析

在西北干旱地区，水资源短缺与土壤盐渍化严重影响农业经济的可持续发展和生态环境的改善，这些问题在河套灌区尤为严重。近年来，由于引黄水量的大幅度减少，灌区传统的排水控盐技术受到限制，加速了灌区土壤盐渍化。因此，需要更好地了解土壤盐渍化过程及其影响因素，发展农业实践，使土壤盐渍化最小化。浅埋深条件下土壤水盐变化受地形、地下水、气候因子等自然因素和灌溉、施肥、土地利用类型等人为因素相互叠加的影响。分析区域不同土壤类型盐渍化的自然条件和主导因素是理解土壤盐渍化过程的基础，能够更好地预防和治理土壤盐渍化[49]。目前很少有研究以野外采样数据为基础，分析耕地和荒地土壤盐渍化的影响因素，并研究耕地和荒地各影响因子在土壤盐渍化过程中所起作用的排序。本书针对浅埋深条件下耕地和荒地土壤水盐动态变化的复杂性，以野外试验为基础，通过采集区域地下水水位和含盐量等数据，利用灰色关联度模型分析了各影响因子对土壤盐渍化过程的影响，并对不同土壤类型土壤盐分影响的显著性进行排序，利用 BP 神经网络建立了区域土壤水盐动态模型，分析各影响因素对灌区土壤水盐动态的作用。

## 5.1　分析方法

### 5.1.1　灰色关联分析

本书利用灰色关联度法来分析土壤含盐量与各影响因子的关联程度。参考数列 X0 分别为 20cm、40cm、60cm、80cm、100cm 土壤含盐量数列。对耕地和荒地土壤盐渍化来说，共有 72 个采样点，包括 7 个环境因子。环境因子 X1～X7 分别代表土壤蒸发、pH 值、地下水电导率、地下水埋深、地形高程、土壤有机质、土壤质量含水率灰色绝对关联度。

用灰色关联分析法求得第 $i$ 个被评价对象的第 $k$ 个指标与第 $k$ 个指标最优指标的关联系数，即

$$\delta_i(k) = \frac{\min_i \min_k |\varepsilon_k^w - \varepsilon_k^i| + \rho \max_i \max_k |\varepsilon_k^w - \varepsilon_k^i|}{|\varepsilon_k^w - \varepsilon_k^i| + \rho \max_i \max_k |\varepsilon_k^w - \varepsilon_k^i|} \tag{5.1}$$

式中：$\rho$ 为分辨系数，满足 $0 < \rho < 1$，其值越小，关联系数间的差异越大，区分能力越强，取值通常为 0.5；$\min_i \min_k |\varepsilon_k^w - \varepsilon_k^i|$ 和 $\max_i \max_k |\varepsilon_k^w - \varepsilon_k^i|$ 分别为所有 $n$ 个比较数列在各期绝对差值中的最小值和最大值。

$$\gamma_i = \frac{1}{n} \sum_1^n \delta_i(k) \tag{5.2}$$

式中：$\gamma_i$ 为第 $i$ 个被评价对象的灰色关联度；$\delta_i(k)$ 为第 $k$ 个指标权重值；$n$ 为 7 个环境因子，$n = 7$。

$\gamma_i$ 越大，说明 $\{\varepsilon\}$ 与指标 $\{\varepsilon^w\}$ 越接近，据此排出各因子次序。

### 5.1.2　BP 神经网络

BP 神经网络是按误差逆传播算法训练的多层前馈网络[116]，能学习和存贮大量的输入-输出模式映射关系，而无须事前揭示描述这种映射关系的数学方程[117]。BP 神经网络模型拓扑结构包括输入层、隐层和输出层 3 个基本层次。

数据分析方法上，采用 SPSS 19.0 软件进行土壤盐分含量和各影响因子统计分析，灰色综合关联度的计算和 BP 神经网络模型采用 SPSSPRO 软件。

### 5.1.3　敏感性分析方法

分别对土壤蒸发、pH 值、地下水电导率、地下水埋深、高程、土壤有机质、土壤质量含水率进行 BP 神经网络模型的缺省因子检验。本书进行敏感性分析时建立的全因子模型为 1 个 3 层的 BP 神经网络模型。该模型设定的最大迭代次数为 1000，误差期望值为 0.01。选取 2018 年 7 月 1—31 日共 60 组土壤蒸发、pH 值、地下水电导率、地下水埋深、高程、土壤有机质、土壤质量含水率为训练样本，其他 12 组数据为检验样本，网络结构为 8 : 5 : 1。

### 5.1.4　模拟效果评价

选取平均相对误差和模拟精度反映土壤盐分动态模型的模拟效果[118]，计算公式为

$$MARE = \frac{1}{n} \sum_{i=1}^{n} \frac{|\hat{y}(i) - y(i)|}{y(i)} \tag{5.3}$$

$$PMSE = \sqrt{\frac{\sum_{i=1}^{n} [\hat{y}(i) - y(i)]^2}{n - 1}} \tag{5.4}$$

$$PA = \frac{\sum_{i=1}^{n} \{[\hat{y}(i) - \hat{y}_m][y(i) - y_m]\}}{(n - 1)\sigma_{\hat{y}}\sigma_y} \tag{5.5}$$

式中：$n$ 为样本数；$\hat{y}(i)$ 为模拟值；$y(i)$ 为实测值；$\hat{y}_m$ 为模拟平均值；$y_m$ 为实测平均值；$\sigma_{\hat{y}}$ 为模拟值标准差；$\sigma_y$ 为实测值标准差；$i$ 为样本序号。

## 5.2　灰色关联度分析

### 5.2.1　不同深度土层土壤含盐量相关性分析

表 5.1 和表 5.2 分别为耕地和荒地不同深度土层土壤含盐量相关系数，可知不同土层之间相关系数均大于 0.75，呈显著正相关性。各深度土层土壤盐分含量密切关联，可能与它们具有相同的母质有关。80～100cm 与 60～80cm 的相关性最高，40～60cm 次之，原因是底层受人类活动和气候因素影响较小。对于荒地来说，随着土层深度的增加，相邻土层的相关性逐渐增强且相邻土层之间相互影响程度大于对隔层土层的影响。

表 5.1　　　　　　　　　　　　耕地不同深度土层土壤含盐量相关系数

| 土层深度/cm | 0～20 | 20～40 | 40～60 | 60～80 | 80～100 |
|---|---|---|---|---|---|
| 0～20 | 1.00 | | | | |
| 20～40 | 0.83** | 1.00 | | | |
| 40～60 | 0.78** | 0.82** | 1.00 | | |
| 60～80 | 0.76** | 0.80** | 0.89** | 1.00 | |
| 80～100 | 0.75** | 0.74** | 0.86** | 0.92** | 1.00 |

注　　**表示 $p < 0.01$ 时显著相关，余同。

表 5.2　　　　　　　　　　　　荒地不同深度土层土壤含盐量相关系数

| 土层深度/cm | 0～20 | 20～40 | 40～60 | 60～80 | 80～100 |
|---|---|---|---|---|---|
| 0～20 | 1.00 | | | | |
| 20～40 | 0.87** | 1.00 | | | |
| 40～60 | 0.81** | 0.93** | 1.00 | | |
| 60～80 | 0.83** | 0.90** | 0.93** | 1.00 | |
| 80～100 | 0.85** | 0.87** | 0.91** | 0.96** | 1.00 |

### 5.2.2　耕地土壤盐渍化影响因素分析

由表 5.3 显示的耕地各因素统计特征值可知，各影响因子统计特征值具有显著的差异性。研究区样本点土壤蒸发、pH 值、地下水电导率、地下水埋深、地形高程、土壤有机质、土壤质量含水率 7 个影响因子平均值依次为 54.22mm、8.00、4.78dS/m、137.20cm、1037.05m、5.35g/kg、0.31。从变异系数来看，土壤蒸发、pH 值、地下水电导率、地下水埋深、地形高程、土壤有机质、土壤质量含水率的变异系数均介于 0.1～1，属中等变异强度，说明这些因素在耕地范围内变化幅度不是很大，偏度和峰度的绝对值小于 1.00，符合正态分布。

表 5.3　　　　　　　　　　　　　　　耕地各因素统计特征值

| 影响因子 | 最小值 | 最大值 | 平均值 | 标准差 | 变异系数 | 偏度 | 峰度 |
|---|---|---|---|---|---|---|---|
| 土壤蒸发（X1）/mm | 47.9 | 59.29 | 54.22 | 2.67 | 0.05 | −0.21 | 0.53 |
| pH 值（X2） | 7.63 | 8.30 | 8.00 | 0.14 | 0.02 | −0.29 | 0.63 |
| 地下水电导率（X3）/(dS/m) | 2.92 | 5.99 | 4.78 | 1.23 | 0.25 | 0.04 | 0.08 |
| 地下水埋深（X4）/cm | 119.64 | 163.27 | 137.20 | 141.22 | 0.09 | 0.91 | 0.79 |
| 地形高程（X5）/m | 1036.00 | 1039.00 | 1037.05 | 0.73 | 0.001 | 0.35 | 0.11 |
| 土壤有机质（X6）/(g/kg) | 3.08 | 8.52 | 5.35 | 1.28 | 0.24 | 0.73 | 0.29 |
| 土壤质量含水率（X7） | 0.27 | 0.34 | 0.31 | 0.02 | 0.05 | −0.05 | 0.93 |

从表 5.4 显示的耕地土壤含盐量与影响要素关联度分析结果来看，各影响因子的关联度范围为 0～1，各环境因子对耕地土壤含盐量影响从大到小的顺序依次为：在 0～20cm 深度土层，土壤蒸发、土壤质量含水率、pH 值、土壤有机质、地下水埋深、地下水电导

率、地形高程；在 20～40cm 深度土层，土壤质量含水率、土壤蒸发、地下水埋深、pH 值、地下水电导率、土壤有机质、地形高程；在 40～60cm 深度土层，土壤质量含水率、土壤蒸发、地下水埋深、地下水电导率、pH 值、土壤有机质、地形高程；在 60～80cm 深度土层，土壤蒸发、地下水埋深、土壤质量含水率、地下水电导率、pH 值、土壤有机质、地形高程；在 80～100cm 深度土层，地下水埋深、地下水电导率、土壤蒸发、pH 值、土壤质量含水率、地形高程、土壤有机质；综合来看，对于 1m 深耕地土壤来说，土壤质量含水率、土壤蒸发、地下水埋深、地下水电导率、pH 值、土壤有机质、地形高程。其中地形高程、土壤有机质、地下水埋深均与土壤电导率呈负相关关系，土壤蒸发、地下水电导率、土壤质量含水率、pH 值与土壤电导率呈正相关关系。

表 5.4　　　　　　　　　　　　耕地土壤含盐量与影响要素关联度分析

| 土层深度/cm | 项目 | 影响因子 | | | | | | |
|---|---|---|---|---|---|---|---|---|
| | | X1 | X2 | X3 | X4 | X5 | X6 | X7 |
| 0～20 | 关联度 | 0.82 | 0.68 | 0.58 | 0.6 | 0.55 | 0.62 | 0.80 |
| 20～40 | | 0.80 | 0.63 | 0.60 | 0.65 | 0.55 | 0.59 | 0.90 |
| 40～60 | | 0.73 | 0.61 | 0.63 | 0.69 | 0.54 | 0.57 | 0.82 |
| 60～80 | | 0.72 | 0.58 | 0.64 | 0.70 | 0.52 | 0.55 | 0.68 |
| 80～100 | | 0.68 | 0.60 | 0.78 | 0.85 | 0.52 | 0.55 | 0.58 |
| 0～100（平均值） | | 0.75 | 0.62 | 0.65 | 0.70 | 0.54 | 0.57 | 0.76 |

由此说明，耕地土壤盐分受土壤质量含水率和土壤蒸发的影响较大。土壤水分是盐分运移的载体，土壤质量含水率是表征土壤特性的重要参数，是多种因素综合作用的结果[63]，对土壤侵蚀、水-热-溶质耦合运移以及土壤-植被-大气传输体中的物质迁移过程具有重要影响[119]。土壤蒸发是土壤盐分累积的重要因素，研究区土壤盐碱化受气候影响较大，土壤中上升水流较下降水流大，导致土体上部累积越来越多的盐分。随着土壤盐分的不断累积，渗透压将增大，蒸发速率降低，地表保持湿润的和土壤蒸发的时间就延长，使得地下水不断向上运行，使盐土在不太强的大气蒸发力条件下具有比非盐土大得多的累积蒸发量[120]，强蒸发是该灌区土壤水盐动态的主要因子。浅埋地下水缩短了土壤盐分的"运输路径"，地下水电导率的增加则提供了充足的"盐分来源"，地下水中的盐分通过毛细管水的垂向渗流实现自下向上盐分的积累，当地下水埋深超过临界埋深，地下水盐分会随着水分的蒸发移动到土壤表面，随着水分的蒸发，盐分将积聚于土壤表面，这样会毁坏作物甚至破坏土壤结构[121]。因此，地下水埋深、地下水电导率成为研究区土壤盐渍化防治不可忽视的重要因素。而土壤有机质、pH 值、地形高程对土壤盐分的影响较小，可能的原因是区域面积较大，土壤有机质、pH 值、地形高程小范围内变化幅度不大。

## 5.2.3　荒地土壤盐渍化影响因素分析

由表 5.5 显示的荒地各因素统计特征值可知，研究区荒地各影响因子峰度大于 0，表明该数据的分布比正态分布高耸且狭窄，更集中于平均值附近。pH 值、地下水电导率、地形高程、土壤质量含水率的偏度均大于 0，即数据分布大部分集中在平均值左边。研究区土壤蒸发、pH值、地下水电导率、地下水埋深、地形高程、土壤有机质、土壤质量含水率的平均值分别为 59.29mm、8.26、15.74 dS/m、117.69 cm、1036.03 m、3.23g/kg、0.34。从变异系数来看，研究区土壤蒸发、pH值、地下水电导率、地下水埋深、土壤质量含水率的变异系数分别为 3%、1%、26%、11%、46%，均介于 0~100%，具有中等的空间变异性，表明其分布格局受灌溉等人为因素影响较大。而地形高程和土壤有机质值呈弱变异性，这主要是因为荒地土壤有机质很少且变化微弱，地形高程在小范围内波动不明显。

**表 5.5** 荒地各因素统计特征值

| 影响因子 | 最小值 | 最大值 | 平均值 | 标准差 | 变异系数 | 偏度 | 峰度 |
|---|---|---|---|---|---|---|---|
| 土壤蒸发（X1）/mm | 55.24 | 63.08 | 59.29 | 1.67 | 0.03 | −0.09 | 0.33 |
| pH值（X2） | 8.05 | 8.58 | 8.26 | 0.12 | 0.01 | 1.00 | 0.66 |
| 地下水电导率（X3）/(dS/m) | 9.13 | 23.15 | 15.74 | 4.16 | 0.26 | 1.38 | 1.84 |
| 地下水埋深（X4）/cm | 90.20 | 143.60 | 117.69 | 12.44 | 0.11 | −0.43 | 0.89 |
| 地形高程（X5）/m | 1034.00 | 1038.00 | 1036.03 | 0.90 | 0 | 0.46 | 0.71 |
| 土壤有机质（X6）/(g/kg) | 0.92 | 4.97 | 3.23 | 0.01 | 0 | −0.58 | 0.48 |
| 土壤质量含水率（X7） | 0.30 | 0.36 | 0.34 | 0.02 | 0.05 | 0.02 | 0.62 |

由表 5.6 显示的荒地土壤含盐量与影响要素关联度分析可知，各环境因子对荒地土壤含盐量影响从大到小的顺序依次为：在 0~40cm 深度土层，土壤蒸发、土壤质量含水率、pH值、地下水埋深、地下水电导率、地形高程、土壤有机质；在 40~80cm 深度土层，土壤蒸发、土壤质量含水率、地下水埋深、地下水电导率、pH值、地形高程、土壤有机质；在 60~80cm 深度土层，土壤蒸发、地下水埋深、地下水电导率、土壤质量含水率、pH值、地形高程、土壤有机质；在 80~100cm 深度土层，地下水埋深、地下水电导率、土壤蒸发、pH值、土壤质量含水率、地形高程、土壤有机质；综合来看，对于 1m 深荒地土壤来说，土壤蒸发、土壤质量含水率、地下水埋深、地下水电导率、pH值、地形高程、土壤有机质。地下水电导率是造成研究区荒地土壤盐渍化问题的首要原因。在含水率高的位置，地下水位上升，随着潜水蒸发，盐分上移，导致荒地较耕地盐分较大。

**表 5.6** 荒地土壤含盐量与影响要素关联度分析

| 土层深度 /cm | 项目 | 影响因子 | | | | | | |
|---|---|---|---|---|---|---|---|---|
| | | X1 | X2 | X3 | X4 | X5 | X6 | X7 |
| 0~20 | 关联度 | 0.85 | 0.65 | 0.55 | 0.63 | 0.54 | 0.53 | 0.81 |
| 20~40 | | 0.83 | 0.62 | 0.61 | 0.68 | 0.57 | 0.52 | 0.78 |
| 40~60 | | 0.80 | 0.60 | 0.68 | 0.75 | 0.55 | 0.50 | 0.78 |
| 60~80 | | 0.76 | 0.60 | 0.75 | 0.78 | 0.56 | 0.50 | 0.65 |
| 80~100 | | 0.71 | 0.65 | 0.73 | 0.76 | 0.53 | 0.48 | 0.64 |
| 0~100（平均值） | | 0.79 | 0.62 | 0.66 | 0.72 | 0.55 | 0.51 | 0.73 |

## 5.3　BP 神经网络的建立与分析

计算训练样本误差得知，耕地平均相对误差为 0.07，均方根误差为 0.14；荒地平均相对误差为 0.02，均方根误差为 0.11，预测精度较高，模型较理想。为了进一步检验模拟结果，以 30 个训练样本实测值为横坐标，预测值为纵坐标，散点图如图 5.1 所示。散点在 45°方向上越接近一条直线，表明拟合程度越高。可知 BP 神经网络预测土壤盐分具有较高的精度。

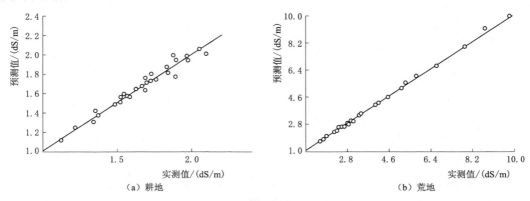

（a）耕地　　　　　　　　　　（b）荒地

图 5.1　实测值与预测值散点图

将已建立的土壤盐分模型的 7 个影响因子逐一进行缺省处理，建立 6 因子土壤盐分动态模型。利用缺省因子检验法对不同的 6 因子模型进行分析，由表 5.7 显示的土壤水盐动态人工神经网络模型缺省因子检验结果可知，6 因子模型的检验误差与 7 因子模型相比均有不同程度的增大，表明各个模型的因子对土壤盐分动态都有不同程度的影响。研究区耕地土壤含盐量对 7 个因子的敏感程度从大到小依次为：土壤质量含水率、土壤蒸发、地下水埋深、地下水电导率、pH 值、土壤有机质、地形高程；荒地对 7 个因子的敏感程度从大到小依次为：土壤蒸发、土壤质量含水率、地下水埋深、地下水电导率、pH 值、地形高程、土壤有机质。排序结果与敏感性因子分析结果一致，可知该 BP 神经网络模型能较好地定量描述土壤水盐动态与各影响因子之间的响应关系，同时也能完成灰色关联分析的自我检验。研究区 7 个因子对土壤盐分都有不同程度的响应，土壤蒸发、土壤质量含水率、地下水埋深和地下水电导率对土壤盐分的敏感性较强，而其他因子的敏感性较弱。在实际生产中，应综合考虑各因子对土壤盐分动态的影响，为研究区盐渍化调控提供理论依据。

表 5.7　　　　　　　土壤水盐动态人工神经网络模型缺省因子检验结果

| 研究对象 | 耕地土壤含盐量 | | | 荒地土壤含盐量 | | |
| --- | --- | --- | --- | --- | --- | --- |
| | 均方根误差 | 敏感性指数 | 敏感因子排序 | 均方根误差 | 敏感性指数 | 敏感因子排序 |
| 全因子 | 0.14 | — | — | 0.11 | — | — |
| pH 值 | 0.21 | 1.53 | 5 | 0.16 | 1.49 | 5 |
| 地下水电导率 | 0.25 | 1.76 | 4 | 0.18 | 1.68 | 4 |

| 研究对象 | 耕地土壤含盐量 | | | 荒地土壤含盐量 | | |
|---|---|---|---|---|---|---|
| | 均方根误差 | 敏感性指数 | 敏感因子排序 | 均方根误差 | 敏感性指数 | 敏感因子排序 |
| 地下水埋深 | 0.26 | 1.85 | 3 | 0.19 | 1.73 | 3 |
| 地形高程 | 0.18 | 1.32 | 7 | 0.15 | 1.38 | 6 |
| 土壤质量含水率 | 0.37 | 2.67 | 1 | 0.24 | 2.16 | 2 |
| 土壤有机质 | 0.21 | 1.48 | 6 | 0.14 | 1.27 | 7 |
| 土壤蒸发 | 0.29 | 2.08 | 2 | 0.27 | 2.48 | 1 |

## 5.4 本章小结

（1）耕地和荒地不同土层之间相关系数均接近或大于 0.70，呈显著的正相关性，其中底层（80～100cm）与亚表层（60～80cm）的相关性最高，40～60cm 深度土层次之。

（2）运用灰色关联度法分析了影响耕地和荒地土壤盐分的 7 个因子（土壤蒸发、土壤质量含水率、地下水埋深、地下水电导率、pH 值、地形高程和土壤有机质），结果表明，耕地和荒地土壤盐分受土壤质量含水率及土壤蒸发影响较大，前者关联度分别为 0.76、0.75，后者关联度为 0.73、0.79。

（3）建立研究区耕地和荒地盐分动态 BP 神经网络模型，其拓扑结构为 8∶5∶1，耕地平均相对误差为 0.07，均方根误差为 0.14；荒地平均相对误差为 0.02，均方根误差为 0.11，预测精度较高，模型较理想，能够表征耕地和荒地土壤盐分动态变化与各影响影子间的关系。运用 BP 神经网络缺省因子敏感性分析了影响耕地和荒地土壤盐分的 7 个因子，敏感性因子分析与灰色关联度法排序结果一致，耕地和荒地土壤质量含水率缺省因子敏感指数分别为 2.67、2.08 耕地和荒地土壤蒸发缺省因子敏感指数分别为 2.16、2.48，验证了灰色关联度法分析的正确性，同时完成了缺省因子敏感指数的自我检验。

# 第6章 耕地和荒地水盐均衡分析

由于黄河水资源短缺，灌区实施节水灌溉措施，引水量与排水量逐年减少，荒地成为耕地盐分的储存地，是灌区水盐平衡的重要调节因素，对防治土壤次生盐碱化具有重要作用[122]。

耕地灌溉期间，灌溉水通过地下水侧向补给盐荒地，盐荒地是耕地盐分的储存地，具有调节耕地盐分、为作物生长创造有利条件的作用。因此对耕地和荒地的水盐运移进行研究对河套灌区发展节水灌溉农业具有重要意义，可为促进灌区的可持续发展提供理论依据。

目前，关于干旱区土壤水盐运移的研究已有很多成果[6,82,123]，但多集中于单独的农田或荒地，针对耕地和荒地运移规律的研究不是很多。灌区每年进行3次集中灌水，分别为春灌期、生育期、秋浇期。灌水期是灌区耕地和荒地盐分积聚与流失交换最频繁的时期[58]。本书利用水盐均衡方程探讨了耕地和荒地间的水盐运移规律，并且分别定量估算了春灌和生育期累盐量。

## 6.1 耕地和荒地水分运移平衡

### 6.1.1 土壤水分均衡分析

图 6.1 为田间土壤水分循环示意图，土壤水分均衡方程为

$$\Delta W_s = W_2 - W_1 = (P + I + G + F_2) - (E_c + E_w + ET + D_s + F_1) \tag{6.1}$$

式中：$\Delta W_s$ 为土壤水分储变量，mm；$W_2$ 为土壤水分补给量，mm；$W_1$ 为土壤水分排泄量，mm；$P$ 为降水量，mm；$I$ 为灌溉水量，mm；$G$ 为地下水补给量，mm；$D_s$ 为地下水渗流量，mm；$F_2$ 为侧向流入量，mm；$F_1$ 为侧向流出量，mm；$E_c$ 为植被冠层截留蒸发量，mm；$E_w$ 为灌溉期积水蒸发量，mm；$ET$ 为水分蒸散量，mm。

图 6.1　田间土壤水分循环示意图

简化后的土壤水分均衡方程为

$$\Delta W_S = W_2 - W_1 = (P + I + G + F_2) - (ET + D_S + F_1) \qquad (6.2)$$

典型区种植面积约为 $2.80\text{hm}^2$。水位埋深一般在 $0\sim170\text{cm}$，因此取样点为 $0\sim200\text{cm}$ 深度土壤剖面为均衡区，均衡期为 2018 年 5 月 1 日至 10 月 1 日，包含春灌期、生育期。

### 6.1.1.1 土壤水分储变量

土壤水分储量指某时刻一定深度以上单位面积土壤柱体所含水分体积，为土壤体积含水量在计算深度上的积分。

$$\Delta W_S = W_2 - W_1 \qquad (6.3)$$

$$W_S(t) = \int_0^d \theta(z, t)\,\mathrm{d}z \qquad (6.4)$$

式中：$\Delta W_S$ 为土壤水分储变量，mm；$W_1$、$W_2$ 分别为均衡期初、末时刻土壤水分储量，mm；$W_S(t)$ 为 $t$ 时刻土壤水分储存量，mm；$z$ 为坐标，向下为正，cm；$d$ 为计算深度，cm；$\theta(z, t)$ 为体积含水量。

根据表 6.1 耕地和荒地土壤水分储变量数据，春灌期初期和末期土壤水分储变量分别为 38.44mm、$-40.60\text{mm}$，生育期初期和末期土壤水分储变量分别为 8.34mm、$-21.00\text{mm}$。

表 6.1                 耕地和荒地土壤水分储变量

| 土地类型 | 时间/(月-日) | 不同深度土壤体积含水率 | | | | | | | | | | 储水量/mm |
| --- | --- | --- | --- | --- | --- | --- | --- | --- | --- | --- | --- | --- |
| | | 0.2m | 0.4m | 0.6m | 0.8m | 1.0m | 1.2m | 1.4m | 1.6m | 1.8m | 2.0m | |
| 耕地 | 5-1 | 0.215 | 0.292 | 0.315 | 0.322 | 0.349 | 0.381 | 0.391 | 0.396 | 0.406 | 0.423 | 698.06 |
| | 6-1 | 0.251 | 0.328 | 0.352 | 0.359 | 0.367 | 0.390 | 0.398 | 0.403 | 0.410 | 0.425 | 736.50 |
| | 10-1 | 0.206 | 0.277 | 0.311 | 0.327 | 0.345 | 0.387 | 0.392 | 0.401 | 0.409 | 0.425 | 695.90 |
| 荒地 | 5-1 | 0.252 | 0.362 | 0.368 | 0.372 | 0.381 | 0.413 | 0.425 | 0.431 | 0.435 | 0.443 | 776.46 |
| | 6-1 | 0.245 | 0.356 | 0.376 | 0.379 | 0.389 | 0.426 | 0.432 | 0.440 | 0.438 | 0.443 | 784.80 |
| | 10-1 | 0.232 | 0.326 | 0.359 | 0.358 | 0.373 | 0.423 | 0.431 | 0.438 | 0.437 | 0.442 | 763.80 |

### 6.1.1.2 有效降水量与有效灌溉水量

均衡期总降水量为 190.2mm，扣除冠层截留蒸发量（一般为 5mm）得到有效降水量 163.2mm。研究区均衡期有效降水量见表 6.2。

表 6.2                 研究区均衡期有效降水量

| 时间/(月-日) | 5-16 | 5-28 | 5-30 | 6-5 | 6-19 | 6-24 | 7-1 | 7-2 | 7-13 |
| --- | --- | --- | --- | --- | --- | --- | --- | --- | --- |
| 降水量/mm | 4 | 13 | 7.4 | 1.4 | 3.4 | 4.6 | 3 | 3.4 | 1.2 |
| 有效降水量/mm | 0 | 13 | 7.4 | 0 | 0 | 0 | 0 | 0 | 0 |

研究区共进行 3 次灌溉，均衡期灌溉降水量和有效灌水量分别见表 6.3、表 6.4。采用的是沟灌的方式，由于灌溉强度远超土壤入渗能力，导致地表积水。地表积水蒸发量据同期水面蒸发量折算，均衡期总积水蒸发量 $E_w$ 为 20.66mm。最后得到有效灌溉水量 $I_e$ 为 194.34mm。

表 6.3　　　　　　　　　　　　研究区均衡期灌溉降水量

| 时间/(月-日) | 7-20 | 7-22 | 7-23 | 8-6 | 8-11 | 8-16 | 8-27 | 8-29 | 9-1 |
|---|---|---|---|---|---|---|---|---|---|
| 降水量/mm | 14.8 | 6.8 | 4.8 | 21.6 | 5.2 | 6.4 | 1.2 | 12.8 | 75.2 |
| 有效降水量/mm | 14.8 | 6.8 | 0 | 21.6 | 5.2 | 6.4 | 0 | 12.8 | 75.2 |

表 6.4　　　　　　　　　　　　研究区均衡期有效灌水量

| 灌水 | 时间/(月-日) | 灌水水量/mm | 灌溉水盐分/(dS/m) | 积水天数/d | 蒸发率/(mm/d) | 蒸发量/mm |
|---|---|---|---|---|---|---|
| 一水 | 5-25 | 123 | 0.73 | 3 | 4.98 | 14.94 |
| 二水 | 7-7 | 92 | 0.85 | 1 | 5.72 | 5.72 |

### 6.1.1.3　地下水净补给量

在地下水浅埋地区，地下水补给量在水量均衡中占有不可忽视的地位[125]。当地下水埋深小于 2 m 时，地下水补给量对作物影响较大，因此应考虑地下水补给量[126]。此外，地下水补给会携带大量盐分进入土壤上层，可能导致土壤盐渍化。因此合理确定地下水补给量有利于提高水资源利用效率，对土壤盐渍化的防治也具有重要作用。

图 6.2 为均衡期耕地和荒地地下水补给量变化曲线，地下水补给量为正值，说明地下水补给土壤层，反之为土壤层入渗地下水。2018 耕地、荒地地下水补给量计算结果见表 6.5。其地下水净补给量为正值，这与当地特殊的地理条件（浅地下水埋深）有关。

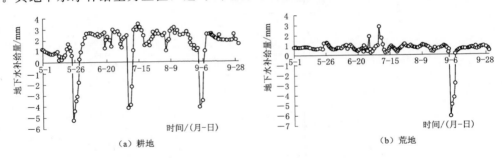

（a）耕地　　　　　　　　　　　　　　（b）荒地

图 6.2　均衡期耕地和荒地地下水补给量变化曲线

表 6.5　　　　　　　　　　　　耕地和荒地地下水补给量变化

| 时间/(月-日) | 5-1—5-5 | 5-6—5-24 | 5-25—5-30 | 6-1—6-23 | 6-24—6-30 | 7-1—7-6 | 7-7—7-11 |
|---|---|---|---|---|---|---|---|
| 耕地 | 4.96 | 14.20 | −17.17 | 52.19 | 17.75 | 11.76 | −13.54 |
| 荒地 | 3.54 | 12.42 | 6.26 | 14.79 | 4.99 | 3.78 | 7.62 |

| 时间/(月-日) | 7-12—7-19 | 7-20—7-23 | 7-24—8-5 | 8-6—8-7 | 8-8—8-31 | 9-1—9-4 | 9-5—10-1 |
|---|---|---|---|---|---|---|---|
| 耕地 | 23.35 | 6.48 | 31.08 | 2.75 | 51.94 | −11.99 | 54.56 |
| 荒地 | 4.49 | 1.73 | 9.94 | 1.31 | 15.24 | −18.13 | 15.80 |

### 6.1.1.4　蒸发蒸腾量

为测量耕地和荒地土壤蒸发量，本书选用 PVC 管作为微型蒸渗仪（micro - lysimeter，MLS）的材料，不锈钢材料作为外管套不封底，内管套用纱布封底。

### 6.1.1.5　二维饱和-非饱和土壤水流的计算

二维非饱和土壤水分运动的达西定律（Darcy's Law）为

$$C(h) = \frac{\mathrm{d}\theta}{\mathrm{d}h} \tag{6.5}$$

$$C(h)\frac{\partial h}{\partial t} = \frac{\partial}{\partial x}\left[k(h)\frac{\partial h}{\partial x}\right] + \frac{\partial}{\partial z}\left[k(h)\frac{\partial h}{\partial z}\right] + \frac{\partial k(h)}{\partial z} \tag{6.6}$$

式中：$C(h)$ 为比水容量；$h$ 为负压水头，cm；$k(h)$ 为导水率。

二维饱和土壤水分运动的达西定律为

$$q = k_s\frac{\Delta H}{L} \tag{6.7}$$

式中：$L$ 为渗透路径的直线长度，m；$H$ 为总水头或总水势，m；$\Delta H$ 为渗透路径始末断面的总水头差，m；$k_s$ 为渗透系数，cm/d。

通过计算可知，2018 年春灌期、生育期、秋浇期水平非饱和渗透分别为 19.38mm、18.58mm。研究区由于地下水埋深浅，水平非饱和渗流较少。

### 6.1.2 不同时期水分均衡计算结果

#### 6.1.2.1 耕地和荒地春灌期水分均衡计算结果

将春灌期各土壤水分均衡项数值带入均衡公式中，计算结果见表 6.6。水分补给量＝有效降水量＋有效灌溉水量＋地下水补给量，水分排泄量＝土壤水蒸散量＋地下水渗漏量＋水平渗漏量。耕地输入水量为 147.61mm，其中有效降水量占 13.82％，有效灌溉水量占 73.21％，地下水补给量占 12.97％；输出方面，土壤蒸发量、水平渗漏量、地下水渗漏量分别占 59.50％、21.47％、19.03％。荒地输入水量为 62mm，有效降水量占 32.90％，水平渗入量占 31.26％，地下水补给量占 35.84％；而输出方面，土壤蒸发量 100％。利用水盐均衡方程计算的土壤蓄水量与实测土壤蓄水量相比偏大，可能是测量手段的限制与实际操作过程中的误差导致的。

表 6.6　　　　　　　　　　　　春灌期耕地和荒地水分均衡计算结果

| | | 耕　　地 | | | | | | 荒　　地 | | | |
|---|---|---|---|---|---|---|---|---|---|---|---|
| 补给量 | 均衡项 | 有效降水量 $P$ | 有效灌溉水量 $I$ | 地下水补给量 $G$ | 合计 | 补给量 | 均衡项 | 有效降水量 $P$ | 水平渗入量 $F_1$ | 地下水补给量 $G$ | 合计 |
| | 数值/mm | 20.40 | 108.06 | 19.15 | 147.61 | | 数值/mm | 20.40 | 19.38 | 22.22 | 62 |
| | 比例/% | 13.82 | 73.21 | 12.97 | 100 | | 比例/% | 32.90 | 31.26 | 35.84 | 100 |
| 排泄量 | 均衡项 | 土壤蒸发量 $ET$ | 水平渗漏量 $F_2$ | 地下水渗漏量 $D_s$ | 合计 | 排泄量 | 均衡项 | 土壤蒸发量 $ET$ | 水平渗漏量 $F_2$ | 地下水渗漏量 $D_s$ | 合计 |
| | 数值/mm | 53.70 | 19.38 | 17.17 | 90.25 | | 数值/mm | 52.5 | 0 | 0 | 52.5 |
| | 比例/% | 59.50 | 21.47 | 19.03 | 100 | | 比例/% | 100 | 0 | 0 | 100 |
| 蓄水量 | 均衡项 | 土壤水储变量 $\Delta W_s$ | | | 合计 | 蓄水量 | 均衡项 | 土壤水储变量 $\Delta W_s$ | | | 合计 |
| | 数值/mm | 38.44 | | | 38.44 | | 数值/mm | 8.34 | | | 8.34 |
| | 比例/% | 100 | | | 100 | | 比例/% | 100 | | | 100 |

### 6.1.2.2　耕地和荒地生育期水分均衡计算结果

生育期耕地和荒地水分均衡计算结果见表 6.7。耕地输入水量为 480.94 mm，其中有效降水量占 29.69%，有效灌溉水量占 17.94%，地下水补给量占 52.37%；输出方面，地下水渗漏量占 4.56%，水平渗漏量占 3.31%，剩余 92.13% 土壤蒸发量。荒地输入量为 222.95mm，其中有效降水量占 64.05%，水平渗入量占 8.33%，地下水补给量占 27.62%，输出量共计为 248.10mm，土壤蒸发量占 100%。灌水时，耕地和荒地土壤水分运移基本保持平衡，而荒地在无灌水情况下，积聚耕地灌溉水带入的盐分，成为灌溉水淋洗耕地盐分的临时容泄区。

表 6.7　　　　　　　　　　　生育期耕地和荒地水分均衡计算结果

| | 耕　地 | | | | | 荒　地 | | | |
|---|---|---|---|---|---|---|---|---|---|
| 补给量 | 均衡项 | 有效降水量 $P$ | 有效灌溉水量 $I$ | 地下水补给量 $G$ | 合计 | 补给量 | 均衡项 | 有效降水量 $P$ | 水平渗入量 $F_1$ | 地下水补给量 $G$ | 合计 |
| | 数值/mm | 142.80 | 86.28 | 251.86 | 480.94 | | 数值/mm | 142.80 | 18.58 | 61.57 | 222.95 |
| | 比例/% | 29.69 | 17.94 | 52.37 | 100 | | 比例/% | 64.05 | 8.33 | 27.62 | 100 |
| 排泄量 | 均衡项 | 土壤蒸发量 $ET$ | 水平渗漏量 $F_2$ | 地下水渗漏量 $D_S$ | 合计 | 排泄量 | 均衡项 | 土壤蒸发量 $ET$ | 水平渗漏量 $F_2$ | 地下水渗漏量 $D_S$ | 合计 |
| | 数值/mm | 516.46 | 18.58 | 25.53 | 560.57 | | 数值/mm | 248.10 | 0 | 0 | 248.10 |
| | 比例/% | 92.13 | 3.31 | 4.56 | 100 | | 比例/% | 100 | 0 | 0 | 100 |
| 蓄水量 | 均衡项 | 土壤水储变量 $\Delta W_s$ | | | 合计 | 蓄水量 | 均衡项 | 土壤水储变量 $\Delta W_s$ | | | 合计 |
| | 数值/mm | 40.60 | | | 40.60 | | 数值/mm | 21 | | | 21 |
| | 比例/% | 100 | | | 100 | | 比例/% | 100 | | | 100 |

# 6.2　耕地和荒地盐分运移平衡

## 6.2.1　土壤盐分均衡分析

典型区田间土壤盐分循环示意图如图 6.3 所示，土壤盐分均衡方程为

$$\Delta S_S = S_2 - S_1 = (S_C + S_G + S_P + S_I) - (S_O + S_D + S_Z) \tag{6.8}$$

式中：$\Delta S_S$ 为 2m 深土壤盐分储变量，$g/m^2$；$S_2$ 为土壤盐分补给量，$g/m^2$；$S_1$ 为土壤盐分排泄量，$g/m^2$；$S_C$ 为浸入水分含盐量，$g/m^2$；$S_G$ 为地下水盐分补给量，$g/m^2$；$S_P$ 为降水带入盐量，$g/m^2$；$S_I$ 为灌溉带入盐量，$g/m^2$；$S_O$ 为流出水分含盐量，$g/m^2$；$S_D$ 为渗入地下水的降水量，$g/m^2$；$S_Z$ 为蒸发带的盐量，$g/m^2$。

由于降雨和蒸发的含盐量较少，带入的盐量忽略不计，则公式简写为

$$\Delta S_S = S_2 - S_1 = (S_C + S_G + S_I) - (S_O + S_D) \tag{6.9}$$

土壤盐分均衡项可表示为对应的水分均衡项与盐分浓度的乘积，公式为

$$\Delta S_S = (IM_I + GM_G + CM_C) - (DM_D + OM_O) \tag{6.10}$$

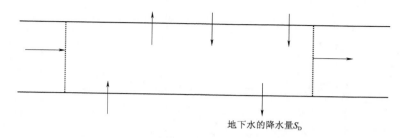

地下水的降水量$S_D$

图 6.3　典型区田间土壤盐分循环示意图

式中：$M_I$、$M_G$、$M_C$、$M_D$、$M_O$ 分别为灌溉水、地下水、水平浸入水分、渗入地下水降水及水平流出水分盐分浓度，$g/m^2$。

耕地中的灌水通过渗透浸入荒地中，且地下水含盐量与渗入降水的含盐量相等，公式可简写为

$$\Delta S_S = (G-D)M_D + CM_C - OM_O \tag{6.11}$$

只有在耕地灌溉后土壤水平渗透才出现，渗入与流出土壤的水分含盐量观测困难。可用的计算公式为

$$CM_C - OM_O = \Delta S_S - (G-D)M_D \tag{6.12}$$

式（6.12）中 $\Delta S_S$ 和 $(G-D)M_D$ 可用负压计实测的剖面负压值及含盐量资料、含水率资料进行计算。

#### 6.2.1.1　土壤盐分储变量计算

$$\Delta S_S = S_{se} - S_{st} \tag{6.13}$$

$$S_{se} = \int_0^d \varepsilon(z_1)\rho_d(z_1) \times 10 dz \tag{6.14}$$

$$S_{st} = \int_0^d \varepsilon(z_2)\rho_d(z_2) \times 10 dz \tag{6.15}$$

式中：$\Delta S_S$ 为土壤盐分储变量，$g/m^2$；$S_{se}$、$S_{st}$ 分别为均衡期初期、末期土壤盐分储量，$g/m^2$；$d$ 为土层深度，cm；$\varepsilon(z_1)$、$\varepsilon(z_2)$ 分别为均衡期初期、末期土壤深度土壤盐分，$g/kg$；$\rho_d(z_1)$、$\rho_d(z_2)$ 分别为均衡期初期、末期土壤容重，$g/cm^3$。

#### 6.2.1.2　地下水含盐量及带入盐分

耕地受灌水影响，灌溉水携带土壤中的盐分渗入地下水中，引起地下水位上升和含盐量增加。水位的上升缩短了盐分运动路径，地下水盐分的增加则提供了充足的盐分来源，在河套灌区干旱的气候条件下，灌水造成了耕地盐分淋洗而荒地盐分增加的现象。耕地和荒地地下水含盐量动态变化曲线如图6.4所示，耕地地下水埋深与地下水电导率较荒地变化活跃，耕地灌水导致荒地地下水电导率逐渐增加，从而使得土壤含盐量增加，这是耕地向荒地地下水渗透补给造成的。灌水和降水都可以导致耕地和荒地地下水含盐量升高，灌水后地下水含盐量有明显波动，降水量较小时，影响较小，但降水量较大以至相当于灌水量时，地下水含盐量会出现明显的峰值，原因可能是雨水淋洗将土壤中的盐分带入地下水。

根据各时段地下水补给量与含盐量，计算地下水对耕地和荒地输出、输入的盐分。由

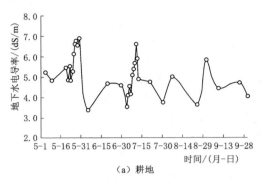

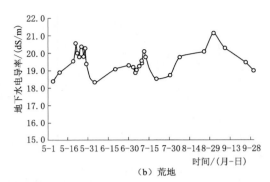

图 6.4 耕地和荒地地下水含盐量动态变化曲线

表 6.8 可知，2018 年，耕地地下水输入盐量共计为 784.13g/m²，输出盐量共计为 173.66g/m²；荒地地下水输入盐量共计为 1318.03g/m²，输出盐量共计为 263.37g/m²。

表 6.8　　　　　　　　　　　　　　地下水输入盐分计算

| 土地类型 | 项　　目 | 时间/(月-日) | | | | | | |
|---|---|---|---|---|---|---|---|---|
| | | 5-1—5-5 | 5-6—5-24 | 5-25—5-30 | 6-1—6-23 | 6-24—6-30 | 7-1—7-6 | 7-7—7-11 |
| 耕地 | 地下水输入盐量/(g/m²) | 17.80 | 49.70 | −75.05 | 144.57 | 55.73 | 32.57 | −50.78 |
| | 地下水平均含盐量/(mg/L) | 3.59 | 3.50 | 4.37 | 2.77 | 3.14 | 2.77 | 3.75 |
| | 地下水补给量/mm | 4.96 | 14.20 | −17.17 | 52.19 | 17.75 | 11.76 | −13.54 |
| 荒地 | 地下水输入盐量/(g/m²) | 44.88 | 169.60 | 86.04 | 190.48 | 66.30 | 49.57 | 102.89 |
| | 地下水平均含盐量/(mg/L) | 12.66 | 13.66 | 13.74 | 12.88 | 13.28 | 13.11 | 13.50 |
| | 地下水补给量/mm | 3.54 | 12.42 | 6.26 | 14.79 | 4.99 | 3.78 | 7.62 |

| 土地类型 | 项　　目 | 时间/(月-日) | | | | | | |
|---|---|---|---|---|---|---|---|---|
| | | 7-12—7-19 | 7-20—7-23 | 7-24—8-5 | 8-6—8-7 | 8-8—8-31 | 9-1—9-4 | 9-5—10-1 |
| 耕地 | 地下水输入盐量/(g/m²) | 78.69 | 21.13 | 79.88 | 9.45 | 129.85 | −47.83 | 164.76 |
| | 地下水平均含盐量/(mg/L) | 3.37 | 3.26 | 2.57 | 3.44 | 2.50 | 3.99 | 3.02 |
| | 地下水补给量/mm | 23.35 | 6.48 | 31.08 | 2.75 | 51.94 | −11.99 | 54.56 |
| 荒地 | 地下水输入盐量/(g/m²) | 61.02 | 22.07 | 128.43 | 17.80 | 210.80 | −263.37 | 213.03 |
| | 地下水平均含盐量/(mg/L) | 13.59 | 12.76 | 12.92 | 13.59 | 13.83 | 14.53 | 13.48 |
| | 地下水补给量/mm | 4.49 | 1.73 | 9.94 | 1.31 | 15.24 | −18.13 | 15.80 |

### 6.2.1.3　耕地和荒地不同时期盐分平衡计算结果

　　土壤水盐运移具有"盐随水来，盐随水去；盐随水聚，水散盐存"的运行规律。耕地受灌水作用的影响，表层土壤盐分淋洗到深层土壤中，在干旱区强烈水分蒸发作用下，垂直方向上，土壤水分向上运移并被蒸发，地下水逐层补给土壤水，导致盐分随水分向表层迁移；水平方向上，土壤水盐侧向迁移，向附近荒地积累盐分，在没有灌水淋洗的荒地，受高蒸发力的影响，伴随着雨季储存在土壤中的水分剧烈蒸发，土壤中盐分在表层聚积，随着盐分浓度的增加，盐分积聚速率降低。

#### 6.2.1.4　耕地和荒地春灌期盐分平衡计算结果

确定耕地和荒地 2m 深土壤中盐分的变化。因降水带入、蒸发带走的盐量很少，故忽略不计。2018 年春灌期内，耕地和荒地中 2m 深土层内盐分积聚量见表 6.9，土壤盐分补给量＝灌溉带入盐分＋地下水补给盐分＋水平补给盐分，土壤盐分排出量＝地下水渗透排出盐分＋水平渗透盐分。耕地灌溉水平均盐分浓度为 0.45g/L，输入盐分为 32.42kg/亩，地下水补给盐分为 44.94kg/亩，分别占总补给量的 41.91％与 58.09％；地下水渗透输出盐分为 50.02kg/亩，水平渗透盐分为 23.90kg/亩，分别占总补给量的 67.67％与 32.33％，累积盐分为 3.44kg/亩。盐荒地地下水平均含盐量为 13.52g/L，共计输入盐分 200.27kg/亩，荒地 2m 深土壤盐分积盐 224.17kg/亩。

表 6.9　　　　　　　　　　　　耕地和荒地盐分收支平衡计算

| 春　灌　期 | | | | 生　育　期 | | | |
|---|---|---|---|---|---|---|---|
| 灌溉耕地（面积：28000m²） | | 盐荒地（面积：67400m²） | | 灌溉耕地（面积：28000m²） | | 盐荒地（面积：67400m²） | |
| 项目 | 数量 | 项目 | 数量 | 项目 | 数量 | 项目 | 数量 |
| 灌溉水 | 108.06mm | 地下水补给量 | 22.22mm | 灌溉水 | 86.28mm | 地下水补给量 | 61.57mm |
| 平均盐分浓度 | 0.45g/L | 平均盐分浓度 | 13.52g/L | 平均盐分浓度 | 0.43g/L | 平均盐分浓度 | 12.98g/L |
| 盐分含量 | 32.42kg/亩 | 盐分含量 | 200.27kg/亩 | 盐分含量 | 24.73kg/亩 | 盐分含量 | 532.79kg/亩 |
| 水平渗透量 | 19.38mm | 水平渗透盐分含量 | 23.90kg/亩 | 水平渗透量 | 18.58mm | 水平渗透盐分含量 | 82.15kg/亩 |
| 盐分含量 | 23.90kg/亩 | — | — | 盐分含量 | 82.15kg/亩 | — | — |
| 地下水补给量 | 19.15mm | — | — | 地下水补给量 | 251.86mm | — | — |
| 平均盐分浓度 | 3.52g/L | — | — | 平均盐分浓度 | 2.85g/L | — | — |
| 盐分含量 | 44.94kg/亩 | — | — | 盐分含量 | 478.53kg/亩 | — | — |
| 地下水渗漏量 | 17.17mm | — | — | 地下水渗漏量 | 25.53mm | — | — |
| 平均盐分浓度 | 4.37g/L | — | — | 平均盐分浓度 | 3.86g/L | — | — |
| 盐分含量 | 50.02kg/亩 | — | — | 盐分含量 | 65.70kg/亩 | — | — |
| 土壤盐分累积量 | 3.44kg/亩 | 土壤盐分累积量 | 224.17kg/亩 | 土壤盐分累积量 | 355.41kg/亩 | 土壤盐分累积量 | 614.94kg/亩 |

#### 6.2.1.5　耕荒地生育期盐分平衡计算结果

由表 6.9 可知，耕地灌溉水平均盐分浓度为 0.43g/L，输入盐分共计为 24.73kg/亩，地下水补给盐分为 478.53kg/亩，分别占总补给量的 4.91％与 95.09％；地下水渗透输出盐分为 65.70kg/亩，水平渗透盐分为 82.15kg/亩，分别占总补给量的 44.44％与 55.56％，累积盐分为 355.41g/m²。盐荒地地下水补给盐分为 532.79kg/亩，水平渗漏盐分为 82.15kg/亩，输入盐分共计为 614.94kg/亩。

## 6.3　本章小结

（1）春灌期耕地水分补给量与输出量分别为 147.61mm、90.25mm，荒地分别为

62mm、52.5mm。耕地水分补给以灌溉入渗为主，占 73.21％，输出以土壤蒸发为主，占 59.50％。荒地输入降水占 32.90％，水平渗透量占 31.26％，地下水补给量占 35.84％，而土壤蒸发输出占 100％。利用水盐均衡方程计算的土壤蓄水量与实测土壤蓄水量相比偏大，可能是测量手段的限制与实际操作过程中的误差导致的。生育期，耕地输入水量为 480.94mm，其中降水占 29.69％，灌水占 17.94％，地下水补给量占 52.37％；输出水分地下水渗漏量占 4.56％，灌溉水量占 3.31％，剩余 92.13％的水分为植物蒸腾蒸发作用所消耗。荒地输入水量为 222.95mm，其中降水占 64.05 ％，水平渗透量占 8.33％，地下水补给量占 27.62％，输出量共计为 248.1mm，土壤蒸发占 100％。

（2）春灌试验期内，耕地灌溉水和地下水补给盐分分别占总盐分补给量的 41.91％与 58.09％。地下水渗透输出盐分和水平渗透盐分分别占总补给量的 67.67％与 32.33％，耕地累积盐分为 3.44kg/亩，荒地 2 m 深土壤盐分积盐 224.17kg/亩。生育期耕地灌溉水输入盐分和地下水补给盐分分别占总补给量的 4.91％与 95.09％；地下水渗透输出盐分和水平渗透盐分分别占总补给量的 44.44％与 55.56％，累积盐分为 355.41kg/亩，荒地 2m 深土壤盐分积盐 614.94kg/亩。

# 第7章 河套灌区典型斗渠灌排单元灌溉水耗散及土壤水盐重分布研究

目前，河套灌区灌排管理仍较为粗放，存在灌溉水利用率低、耗水机制不清且耗水资料不系统[208]、田间灌水管理水平差[209]、农田水转化机理不清等问题。在这些限制条件下施行有效的灌排管理和完善灌排系统对于黄河流域水资源分配、利用，以及提高水分利用效率、加强灌区盐分控制十分必要[183]。对区域农田水转化机理与水均衡机制进行研究，厘清河套灌区的耗水规律，定量分析灌溉用水在各个环节的耗散与转化[153]，明确灌溉水及其携带的盐分在灌溉系统中的迁移积累规律，对于指导节水灌溉、提高灌排管理水平、维持灌溉系统和农业生态系统的可持续性具有重要意义[112]。第3章和第4章对典型斗渠灌排单元的土壤水盐和地下水环境的动态变化进行了详细的分析，但其灌溉水耗散及其盐分的重分布还需进一步揭示。因此本章根据河套灌区作物插花式种植和耕地、荒地交错分布的特点[85]，灌溉引水及其携带的盐分在田间尺度上的分布与累积规律不明确等问题，根据灌区节水控盐要求[148,210]、现有灌排体系的管理特点，选取典型田间尺度上的灌排系统，利用详细的试验观测数据，根据现行灌溉制度特点及浅埋深现状，构建研究区总体水均衡模型，实现河套灌区生育期灌溉引水复杂耗散路径及盐分累积规律的合理解析，建立节水控盐的灌溉制度，为提出保持灌区农业可持续的综合调控技术和合理水管理方案提供技术支撑。

## 7.1 水均衡模型的建立与验证

### 7.1.1 总体水均衡模型

水均衡模型概念清晰，方法简单，对各要素的观察简单。常见的水均衡模型有3种：①土壤水均衡：以表层为上边界，土壤中主要根系最大深度为下边界的水均衡体；②地下水均衡：以潜水面为上边界，潜水层底板为下边界的水均衡体；③总体水均衡：以顶盖为上边界，潜水含水底板为下边界的水均衡体。

根据历史资料及 2018 年、2019 年生育期地下水监测资料，研究区属于地下水浅埋深地区[211-212]。由于地下水位波动造成土壤水和地下水界限不明确，两者相互转化十分频繁，因此以含水层底板为下边界，冠层顶部为上边界，对研究区建立总体水均衡方程。研究区某一时段的总体水均衡方程为

$$ET = P + I - D - \Delta S + R_1 - R_2 \tag{7.1}$$

$$\Delta S = (\theta_s - \theta_g)\Delta H + \Delta\theta M \approx S_y \Delta H \tag{7.2}$$

式中：$ET$ 为区域地表蒸散发量，mm；$P$ 为降水量，mm；$I$ 为灌溉引水量，mm；$D$ 为

排水量，mm；$\Delta S$ 为土壤包气带及地下水储水量的变化量，mm；$R_1$ 和 $R_2$ 分别为研究区侧向径流流入和流出水量，mm；$\theta_s$ 和 $\theta_g$ 分别是某一时段内初末地下水位间土壤剖面的饱和含水率和实际含水率；$\Delta H$ 为地下水位的变化量，mm；$\Delta\theta$ 为包气带含水率的增量；$M$ 为包气带的厚度，mm；$S_y$ 为研究区给水度。

上述各项均指研究区的空间平均值。

研究区及周边一定范围内，地形平整，地面坡度较为平缓，加之周边农田种植与研究区相近，地下水水力梯度小，侧向径流较为稳定，因此认为地下水流入量与地下水流出量近似相等，加之研究区四周沟渠及地界边界较为清晰，可认为这样的灌排单元与外界无水量交换，同时鉴于研究区地下水浅埋深现状，包气带水分变化与地下水位波动密切相关，灌溉期的引排水量可较为准确地监测。微型气象站可提供详细的降水数据，但区域腾发量和土壤包气带及地下水储水量的确定具有一定的难度。

### 7.1.2 给水度

给水度是土壤释水性的一个重要指标，对于浅层地下水资源评价的水均衡计算、地下水非稳定流计算、农田排水的地下水面降落计算来说，是一个不可缺少的参数，其取值大小对计算结果有较大的影响[213]。总结出的给水度的计算方法主要有抽水试验配线法、漏斗疏干法、地下水动态资料数据推算、原状土取样释水试验测定等。关于河套灌区给水度值的确定，前人做了大量的研究并确定了相应的取值区间[214-215]，但为保证研究区总体水均衡模型的准确性，需要对研究区的给水度进行单独推算。根据研究区发生灌水事件后地下水埋深会出现明显抬升的特点，加之本研究有丰富的野外观测资料，因此将总体水均衡方程应用于作物生育期内的灌溉期，通过计算出相应时段内的各水均衡要素来推求出 $\Delta S$ 和 $S_y$。

### 7.1.3 不同植被地块腾发量计算

作物需水量是流域规划、区域水利规划和灌排工程规划设计与管理的基础[216-217]。对于河套灌区来说，农田灌溉是其耗水主体，准确地确定作物需水量，是厘清灌溉水耗散机制和制定科学的用水策略的重要前提。参考作物腾发量是决定作物需水量、制定灌溉制度、进行农田水资源管理的关键因素[178-179]，准确推算作物腾发量是灌溉用水合理配置的依据[218]。

研究区内作物呈插花式种植和耕荒地交错分布，为了精准计算不同作物田块的腾发量，采用修正后的 Penamn – Monteith 公式[219]，计算方法为

$$ET_0 = \frac{0.408\Delta(R_n - G) + \gamma\dfrac{900}{T+273}u_2(e_s - e_a)}{\Delta + \gamma(1 + 0.34u_2)} \tag{7.3}$$

式中：$ET_0$ 为参照作物腾发量，mm；$T$ 为计算时段内的平均气温，℃；$\Delta$ 为饱和水气压-温度曲线上的斜率，kPa/℃；$R_n$ 为太阳净辐射，MJ/(m² · d)；$G$ 为土壤热通量，MJ/(m² · d)；$\gamma$ 为温度计常数，kPa/℃；$e_s$ 为饱和水气压，kPa；$e_a$ 为实际水气压，kPa；$u_2$ 为离地面 2m 高处的平均风速，m/s[220]。

可参考 FAO – 56 和河套灌区主要作物参数的相关研究成果[178-179,221]，得到不同生长阶段的作物系数 $K_c$；$ET_0$ 为参考作物腾发量，可根据微型气象站提供的气象数据进行计

算。生育期内荒地不进行灌溉,主要生长的天然耐盐植被年际间覆盖度变化不大,可以采用当地代表自然植被的潜水蒸发公式[222] 和土壤水均衡方程来确定荒地腾发量,研究区土壤剖面的观测深度为100cm,上述方程计算的是0～100cm深度的土壤水均衡。

$$C_i = a - b\ln H_i, H_i \in [0.2, 3.15]m \tag{7.4}$$

$$ET_i = C_i E_0 + P - \Delta S_{si} - P\alpha \tag{7.5}$$

式中:$C_i$ 为潜水蒸发系数;$a$ 和 $b$ 为无量纲经验常数,参考试验结果,粉砂壤土取 $a = 0.3356$,$b = 0.2929$[223];$H_i$ 为地下水埋深,mm;$ET_i$ 为荒地腾发量,mm;$E_0$ 为水面蒸发量,可以通过 20cm 蒸发皿蒸发量乘以修正因子 0.59 得到,mm;$P$ 为降水量,mm;$\Delta S_{si}$ 为土壤储水量变化,mm;$\alpha$ 为降雨入渗补给系数,参考前人研究取值 0.1[152]。

### 7.1.4 退水和排水测量

由于地表退水和地下水排水都是经过排水沟排出研究区的,因此地表退水量和地下水排水量难以单独测量。本书依据退水浓度、排水浓度与排退水总量、浓度进行估算。根据实测数据以及简化后的水盐平衡方程[150,155],可推测地下水排水和灌溉退水在总排水量中的比例:

$$Q_d = Q_t + Q_p \tag{7.6}$$

$$Q_d C_z = Q_t C_y + Q_p C_p \tag{7.7}$$

式中:$Q_d$ 为排出研究区的总水量,万 m³;$Q_t$ 为直接退水量,万 m³;$Q_p$ 为地下水排水量,万 m³;$C_y$ 为灌溉水矿化度,g/L;$C_p$ 为地下水矿化度,g/L;$C_z$ 为排水沟中水的矿化度,g/L。

通过实测获得排出研究区的总水量为 15.553 万 m³,地表退水的矿化度均值为 0.524g/L,地下水排水的矿化度均值为 3.860 g/L,实测出来的排水沟矿化度平均值为 2.226g/L。推算地下水排水量为 7.935 万 m³,地表退水量为 7.618 万 m³。

### 7.1.5 渠系水利用系数测定

由于研究区土地平整度较好,田块规格基本统一,灌水质量相对较高,因此相同作物不同田块间的灌水量差异很小。采用首尾测定法,无须测量灌溉水输水、配水过程中的损耗,可以大大降低测定工作量及工作难度,且通过使用先进仪器和多次测量取均值的方法,可以更为准确地确定渠系水利用系数。选取输配水具有典型性的四六渠进行渠系水系数的测定[224-225],当灌水事件发生时,在四六渠灌溉区域内随机选取种植向日葵、玉米、小麦的典型田块,每种作物选 3 块,用梯形量水堰监测进入向日葵、玉米、小麦田块的水量,确定典型作物田块的灌溉水量。通过调查作物种植结构,确定主要作物的种植面积。研究区内还有瓜菜等作物,种植面积仅占研究区总面积的 5.07%,且灌水量较少,因此将瓜菜田块的面积分摊到向日葵、玉米、小麦田块面积中去。

## 7.2 总体水均衡分析

### 7.2.1 给水度计算

利用研究区 2018 年、2019 年生育期内典型灌水事件的引排水量、灌溉前后的土壤质量含水率变化量、地下水位变动量、降水量和腾发量，采用水均衡方程，多次重复计算推算得出平均给水度，同时需要注意的是，在进行给水度计算时应结合研究区的灌溉特点，剔除不灌溉作物面积的影响，即应该考虑这部分区域地下水上升所消耗的水量。研究区给水度计算结果见表 7.1。水均衡模型中变量较多，受到的影响因素较多。不同灌水事件的受灌溉作物、净灌溉深度不同，不同年份不同生育阶段的腾发量及降水量也不相同。例如 2019 年进行第 3 次灌水事件期间产生的降雨较多，提前结束了灌水活动，导致净灌溉深度较小，推算出的给水度值相对偏小。综合 2018 年和 2019 年几次灌水事件，推求出的研究区平均给水度为 0.0443。

表 7.1　　　　　　　　　　研究区给水度计算结果

| 年份 | 灌水事件 | 计算时段/（月-日） | 地下水变动量/cm | 土壤质量含水率变动量/% | 腾发量/cm | 净灌溉深度/cm | 降水量/cm | 给水度 |
|---|---|---|---|---|---|---|---|---|
| 2018 | 第 3 次 | 6-18—6-25 | 134.0 | 4.69 | 4.11 | 10.14 | 1.28 | 0.0546 |
| | 第 4 次 | 7-9—7-19 | 125.6 | 4.22 | 5.98 | 11.76 | 0.08 | 0.0467 |
| | 第 5 次 | 7-29—8-3 | 91.8 | 5.06 | 2.78 | 7.20 | 0.14 | 0.0497 |
| 2019 | 第 1 次 | 5-6—5-16 | 155.6 | 4.16 | 7.44 | 14.03 | 0.08 | 0.0429 |
| | 第 3 次 | 6-21—6-26 | 91.8 | 5.32 | 7.25 | 6.42 | 3.59 | 0.0300 |
| | 第 4 次 | 7-11—7-21 | 49.0 | 4.76 | 10.77 | 12.41 | 0.41 | 0.0418 |

注　净灌溉深度为引水量与排水量之差。

### 7.2.2　腾发量计算

基于 Penman-Monteith 公式和作物系数法计算得到的 2019 年作物生育期不同田块和荒地腾发量见表 7.2。其他作物主要是瓜类和蔬菜经济作物，种植面积仅占研究区总面积的 5.07%，且以番茄为主，因此以番茄作为代表研究区的瓜菜类型。

表 7.2　　　　　　2019 年作物生育期不同田块和荒地腾发量

| 年份 | 作物 | 生长季/（月-日） | 研究时段总腾发量/mm | 各作物生育期腾发量/mm |
|---|---|---|---|---|
| 2019 | 向日葵 | 5-30—9-30 | 463.8 | 411.4 |
| | 玉米 | 5-1—9-30 | 484.3 | 484.3 |
| | 小麦 | 3-31—7-21 | 427.9 | 312.3 |
| | 其他 | 5-1—8-15 | 395.7 | 350.7 |
| | 荒地 | 5-1—9-30 | 527.7 | 527.7 |

注　各田块研究时段为作物全生育期（5 月 1 日—9 月 30 日）。

不同作物的生育期不同，且时间差别较大，造成各植被田块生育期腾发量差异较大。玉米生育期最长且灌水充足。荒地植被生育期和玉米基本相同，但由于长期不进行灌溉，水盐胁迫较为严重，植被覆盖度较低且长势较差，腾发量相对较低。对比 2019 年生育期腾发量和整个研究时段的腾发量，发现向日葵腾发量只占全研究时段的 88.7%，有部分水消耗于播种前和收获后的裸土蒸发。这是由于播种前灌水量较大，造成地下水位急剧抬升，加之土层下部还未完全融通，土壤入渗较慢，田间积水往往持续在一周以上，同时在此期间，土壤蒸发能力较强，造成了大量的无效耗水。总体来讲，农作物生育期的腾发量约占研究区整个研究时段腾发量的 84.2%，荒地腾发量占 6.7%，生育期内裸土蒸发损失掉 9.1%。将各地块研究时段腾发量按面积加权求和，研究区 2019 年作物生育期空间平均腾发量为 465.5mm。

### 7.2.3 总体水均衡模型验证

验证水均衡模型可对其中的未知项进行验证，本书建立的总体水均衡模型中，区域腾发量和土壤非饱和带及地下储水量的变量是需要间接求得的，为了对这两个要素进行验证，首先确定研究区给水度并进行了验证。

研究区平均给水度为 0.0443，为了验证给水度的准确性，将该值与前人总结出的不同土质的给水度范围进行比对，张蔚榛等[214] 总结出粉砂壤土给水度为 0.04～0.06，而在河套灌区众多水均衡研究中，给水度的取值范围为 0.03～0.07。通过对比验证，认为本书推导出的平均给水度的取值较为合理。

研究区 2019 年生育期空间平均腾发量为 465.5mm，通过水均衡模型计算所得的空间平均腾发量为 446.8mm，相对误差为 4.19%。分析原因可能是：虽然研究区的路沟渠实际腾发量较小，但在加权计算中将路沟渠的面积加权到了村庄面积中，其在计算过程中被忽略，所以利用水均衡模型计算的结果偏小，而根据作物系数法计算不同植被地块腾发量，然后按面积加权求和所得的结果相对可靠。以上方法须保证水均衡要素中只有一个未知项，再通过其他方法对未知项进行验证。本书中的给水度取值符合前人总结的给水度范围，区域腾发量通过两种方法进行验证，误差在合理范围内，所得结果相对可靠。

验证区域蒸散量和给水度方法有很多。比如区域蒸散发估算方法的检验，一是通过其他的区域蒸散发估算方法的结果间接地验证，比如作物系数法、遥感方法等；二是根据地面精确的观测结果进行检验，地面精确观测计算方法中，较为典型的是蒸渗仪法、波文比仪法、涡度相关法和闪烁通量仪法等。对给水度进行检验的方法有：通过测定土壤水分特征曲线确定给水度；通过土柱试验确定给水度；利用 Boulton 公式，根据抽水试验资料确定参数等，在后续研究中考虑利用更为先进及精准的方法进行测定及验证。

### 7.2.4 灌溉水耗散及盐分重分布

将生育期分为灌溉期和水分重分配期进行讨论，河套灌区降水量较少，降水强度小，每次降水后，土壤水分很快消耗于土面蒸发和植物蒸腾作用，对地下水的补给可以忽略不计。灌水事件发生后，在进行渠系输水的同时，部分灌溉水以地表退水的形式通过排水沟排出了研究区，渠系渗漏水首先进入农田两侧，与田间渗漏共同抬升农田地下水位，随后农田地下水位在水力梯度作用下向荒地推进，荒地地下水位抬升后，农田和荒地地下水开始向排水沟排水。由于灌水定额较大，根层土壤储水能力有限，超出田间持水量后会产生较大的田间渗漏。田间渗漏和渠系渗漏会进入到浅埋深地下水中。所以在灌溉期内主要是灌溉水的渗漏，表现为补给地下水的过程，地下水水位上部土壤的水势梯度方向向下。当灌溉期结束后，进入水分再分配期，强烈的腾发作用开始消耗土壤水时，地下水通过毛管上升作用对农田土壤和荒地进行补给，此时地下水水位上部土壤的水势梯度方向改变为向上。

经过灌溉引水流量监测，2019 年研究区作物生育期内引水量约为 158.7 万 $m^3$。降水导致第 3 次灌水提前关闸结束，因此 2019 年引水量较往年相比较小。根据实测数据以及式（7.6）和式（7.7）推算，地下水排水量为 7.935 万 $m^3$，地表退水量为 7.618 万 $m^3$，分别约占总引水量的 5% 和 4.8%，除去地表退水后，理论上通过渠道准备灌进田间的水量应为 95.2%，但实际测得灌入田间的水量为 122.4 万 $m^3$，约占总引水量的 77.2%，即研究区渠系水利用系数为 0.772。输水过程中产生的渠系渗漏水进入地下水系统中，输水损失占总引水量的 18%。

假设降水优先被蒸散发消耗，若不考虑作物生育期内渠道、农田、荒地的水交换过程，每次灌水事件进行时间较短，因此忽略了行水过程中渠系水蒸发消耗掉的少量灌溉引水。耕地腾发消耗了总引水量的 84.2%，地表退水排出了 4.8%，地下水排出了 5%，推得荒地消耗了 6%，农田不但全部利用了总引水量的 77.2% 作为田间的灌溉水量，还通过地下水补给的方式利用了 7% 的总引水量，荒地消耗 6% 的总引水量，利用方式同样为地下水补给。研究区灌溉水耗散路径如图 7.1 所示。

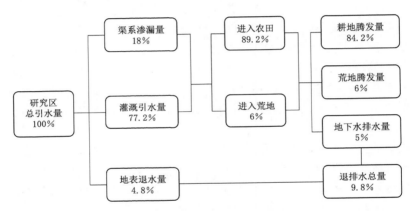

图 7.1 研究区灌溉水耗散路径

研究区引黄灌溉水平均矿化度为 0.524g/L，地下水平均矿化度为 3.86g/L。虽然灌溉水携带盐分大量施加到农田，而随地下水迁移到荒地的水量有限，但是由于灌溉水矿化度较低，地下水矿化度较高，通过对地下水进行重分布，迁移到荒地的有限地下水带走了相当数量的盐分。根据水分迁移路径，将每个水量迁移项代入相应的矿化度，可估算得到研究区灌溉引入盐分的重分布状况，研究区引入盐分重布路径，如图 7.2 所示。结果表明，随灌溉水引入的盐分里，有 41.6% 随着地下水排水和退水排出了研究区，农田最终引入了 14.2% 的盐分。荒地面积虽然只占到研究区总面积的 5.43%，但是容纳了总引入盐量的 44.2%。荒地作为排水储存库，通过地下水接收周围灌溉农田多余的水和盐。在发生灌溉事件时，灌溉农田地下水位明显上升，作物根区土壤的储水能力不足以容纳所有的灌溉水，浅层地下水系统储存了农田渗漏和渠道渗漏，农田地下水位上升明显，荒地不进行灌溉且借助蒸发而使得地下水位下降，耕地和荒地间产生的水力梯度使地下水通过地下水系统从农田向荒地迁移，携带着盐分的水被运送到了荒地，使其发挥了很好的干排盐作用[226-227]。

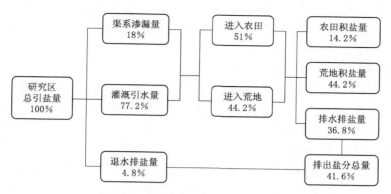

图 7.2　研究区引入盐分重分布路径

## 7.3　讨论

河套灌区自节水改造以来，引黄水量需要由原来的 52 亿 m³ 减少到 40 亿 m³[224]，全灌区渠系水利用系数由 0.42 提高到 0.48，渠道输水能力提高 15%～20%。节水措施的大力推行必然会使灌溉水资源浪费现象减少，随着引水量的减少伴随的是排水量的减少以及地下水位的降低。在河套灌区，排水和控制地下水位都是控制土壤盐渍化的重要手段。在这样的背景下，重新评估两者对灌区的盐渍化风险、作物干旱缺水的风险的影响，对灌区灌溉水利用现状、盐分归趋进行评价分析显得十分重要。

### 7.3.1　河套灌区耗水机制研究

针对河套灌区各类主要种植作物（向日葵、玉米、小麦等）[178-179,228] 及其间作[229] 的耗水机制都已经有了大量的研究，确定了河套灌区主要作物的耗水特性及最佳灌水量。然而复杂的种植结构以及农民薄弱的节水意识现状使得根据主要作物需水量进行区域尺度上的用水管理较为困难。

前人在河套灌区分灌域和典型地区以及其他相近地区分别建立了总体水均衡模型、土壤水均衡模型、地下水均衡模型。例如任东阳等[118] 通过建立水均衡方程，揭示了典型农田水量和盐量转化关系，但是未对农田和非农田地下水迁移转化量进行分析；武夏宁等[117] 建立水均衡方程验证蒸散发量的合理性，分析了水均衡要素构成以及土壤水和地下水的水分消耗过程，但忽略了不易监测的排水量，因此会对水均衡模型的精度造成一定影响。在大区域尺度的耗水机制研究方面，岳卫峰等[114] 根据河套灌区义长灌域土地利用的主要特点，建立了以土壤水为中心的非农区-农区-水域的水均衡模型，该模型反映了义长灌域各分区的"四水"转化关系，以及农区与非农区和水域之间的水分迁移，但没有考虑地下水和土壤水的蓄变量，各分区的地下水位均采用灌域平均值，渠系水利用系数、各入渗补给系数等也是平均值或经验值，精确性有待加强；秦大庸等[116] 在宁夏引黄灌区建立了基于灌溉动态需水量计算的灌区水均衡模型，其建模理论基础完备，考虑了作物需水、耗水机理和水循环特征，但仅仅考虑了作物的蒸散发，没有计算荒地的耗水量。以上研究中的水均衡要素虽然全面但是不够细致，类似于给水度等要素一般采用前人的研究

69

所得；在灌域尺度上，地下水径流难以确定；利用点试验数据进行大区域估算，都会影响水均衡方程的计算结果。本章对可通过直接测得的水均衡要素进行精准监测，对间接求得的水均衡要素进行了推导和验证，保证了水均衡模型的精度，达到了比较理想的效果。

### 7.3.2　河套灌区灌溉水和土壤盐分重分布

为探明河套灌区耕地和荒地间的水盐运移规律，Wu et al.[149] 证实了在过去 30 年里干排盐对于河套灌区耕地可持续利用起了关键作用，发现在保持灌区盐平衡方面，干排水可能比人工排水起着更重要的作用；岳卫峰等[114] 指出河套灌区义长灌域非农区多年平均潜水蒸发量占总潜水蒸发量的 36%，农区多年平均引、排盐量分别为 72.53t 和 99.31t，另外有 53% 和 22% 的盐分分别随地下水排入到盐荒地和水域；于兵等[152] 建立了基于遥感蒸散发的耕地和荒地水盐平衡模型，将其应用于河套灌区中西部，研究表明，研究区年均内排水量为 3.55 亿 m³，与排水沟排水量相当，灌概地向非灌概地的年均迁移盐量为 151.7t；Wang et al.[147] 发现在灌溉过程中，休耕区地下水深度对周围农田的侧向补给反应迅速，水盐平衡分析表明，进入休耕区的多余水分大约是人工排水系统的 4 倍，含盐量是其 7.7 倍；Ren et al.[153] 在针对河套灌区气候干旱、地下水浅埋深现状的基础上提出了地下水－土壤－植物－大气－连续体系统的集总水均衡模型，量化分析了浅层地下水对不同土地利用方式间水盐交换的影响，在不同尺度上定量分析不同土地利用类型间的水盐交换，发现在农渠尺度上，荒地面积只占研究区总面积的 13%，却滞留了40% 的总引入盐量，而在灌域尺度上，约 36% 的灌溉水通过渗漏储存在浅层地下水系统中，重新分配后，总转移水量的 63% 被农田蒸散消耗掉，20% 被荒地蒸散消耗掉，其余通过地下水或排水沟排出，总引入盐量的 67% 积累在了荒地上，一定程度上说明耕地与排盐荒地的位置、规模等的不同会影响干排盐的效果，同时插花式的荒地分布形势有助于增强干排盐效果。

浅层地下水系统可能会引起土壤盐渍化等问题，但也为灌溉水的重新分配和利用提供了途径，应正确看待浅埋深地下水系统为灌区盐渍化问题带来的积极和消极影响。Khouri[146] 也指出，浅埋深地下水位和强烈的蒸发能力是使干排盐系统发挥有效作用的前提条件。当人工排水不可行或负担得起时，干排盐系统可以作为控制盐分的有效替代途径。如何设计耕地和荒地的面积比例、空间布局、高度差等，使干排盐效果达到最佳效果是一个难点。另外，灌区内部荒地的容纳盐分总量是有上限的，长期的盐分积累也可能会对灌区产生负面影响，为了灌区的可持续发展，还应在排水沟的设计方面进行研究，利用排水沟将盐分排出灌区。

### 7.3.3　河套灌区用水管理现状及展望

Wichelns et al.[230] 总结盐渍化浅埋深地区农业生产过程中农民使用了过多的灌溉水，而农民和灌溉部门并未给出有效的排水解决方案。河套灌区拥有 7 级灌排系统，通常在斗渠尺度就有管理段和农民用水管理协会等群管组织联合负责管理灌排工作，鉴于大区域分区面积较大，在参数取值、分区划分、种植结构调查、引排水监测等方面较为粗略。综合河套灌区实际灌排管理经验，无论是实地调查、取样监测还是依托组织进行精细管理，在斗渠尺度上既具有较高的可施行性，也可保证较高的精准度。

农业生产结构的优化与市场需求、农民节水意识和政府支持水平密切相关，通常一个田块的作物类型每 1～3 年就调整一次，以保证土壤肥力、预防病虫害。每年种植结构的变化会对灌溉引水、排水、作物需水量、地下水交换产生一定的影响。农业集成化等土地制度的因素导致河套灌区种植结构较为破碎，作物插花式种植、耕地和荒地交错分布的现状在短时间难以改变，各类作物的灌溉管理及耗水规律也不尽相同，本书虽然明确并验证了生育期内各类作物的需水量，同时探明了农田和荒地间的地下水交换作用，但是不同作物的地下水交换研究仍是一个难点，后续应加强种植结构变换条件下的耗水规律的研究。

河套灌区一般全年灌水 6 次，本书只分析了生育期中的 5 次灌水，最后 1 次的秋浇约占全年总引水量的 30%～40%[231]，不合理的秋浇制度可能无法达到淋洗盐分的效果，同时可能会造成水资源的浪费。后续应该对研究区非生育期的耗水过程进行分析研究，确立合理的秋浇灌溉水量，从而实现对全年的灌溉水耗散进行分析。

## 7.4 本章小结

（1）利用总体水均衡方程推算典型斗渠灌排单元的给水度为 0.0443，符合前人确定的河套灌区 0.03～0.07 的给水度取值区间。该方法相对简单，适用于地下水位对灌溉事件响应明显且地下水埋深较浅的地区，不需要单独监测包气带水分变化，提高了水均衡计算的准确性。

（2）根据水盐平衡方程推得及灌排数据验证，研究区生育期各级渠系的输水损失占总引水量的 18%，总引水量的 4.8% 通过排水沟直接排出了研究区，其余 77.2% 灌入农田。不同土地类型间通过地下水横向交换，水盐发生了重分布，最终农田耗水占总引水量的 84.2%，累积了总引入盐量的 14.2%；荒地耗水占总引水量的 6%，却容纳了 44.2% 的盐分，起到了极为重要的干排盐作用。

（3）针对河套灌区灌溉水利用情况复杂的问题，本章侧重以斗渠尺度为整体，对研究区 2019 年生育期内的灌溉水耗散路径以及盐分累积分布规律做了分析评价，后续应加强灌排单元尺度上的水均衡参数和变量的时空变异特性研究，定量研究水均衡要素之间的相互制约和转化关系。精细的用水管理需要以研究区的种植结构以及不同作物的需水要求作为重要的参考依据，完善灌排单元的灌排系统并发挥节水潜力，为优化与耕地配套的排盐地规模和空间布局、完善水盐约束条件下的耕地和荒地配置理论、发挥荒地的干排盐作用以及精细的用水管理决策提供理论依据。

# 第8章 限制引水条件下河套灌区典型斗渠灌排单元干排盐效果分析

河套灌区排水量伴随着引水量的减少而减少，加之地势平坦等地形地貌的影响，排水排盐更为困难[212]。由于水资源短缺、经济和环境的限制，传统的排水解决方案并不容易实施，需要提出可以替代人工排水的方法对灌区土壤盐渍化进行控制[227]。河套灌区内部耕地和荒地交错，荒地作为盐分的储存地，发挥了重要的干排盐作用。第7章对不同地类的盐分重分布的研究结果也表明，荒地可以大量容纳区域内部累积的盐分，间接促进了耕地的可持续利用。

在实际生产中，部分临近荒地、地势低洼、作物长势较差、盐渍化程度较高的耕地，在一定程度上已经扮演了排盐荒地的角色。通常在土地利用调查以及作物种植结构划分时，仍将这类发挥干排盐作用的耕地划分为农田。而现有研究大多在明确耕荒比的基础上进行干排盐定量分析，对于此类耕地起到的干排盐定量作用的研究相对较少。本章在第5章研究的基础上，基于详尽的试验监测与调研，调整部分盐渍化程度较为严重的低产田作为排盐荒地，以水盐迁移的定量结果，实现研究区中盐碱耕地在干排盐中的定量作用，结果可为在限制引水条件下优化与耕地配套的排盐地规模与空间布局、完善水盐约束条件下的耕地与排盐空间配置提供科学依据。

## 8.1 材料与方法

### 8.1.1 盐碱耕地面积获取

在进行土地利用划分时，一般将有耕作活动和作物种植的盐碱耕地划分为耕地，但综合其作物经济效益、土壤盐渍化程度及其在灌排单元内部发挥的干排盐作用，将其划分为排盐荒地更加合适。因此在2019年生育期内进行了多次野外实际考察，将紧邻荒地、地势低洼、作物长势较差、盐渍化程度较高的耕地进行单独调查和统计。在进行土地利用类型分类时，将其划分为荒地。结合 Google Earth 上的高精度卫星影像，对其进行目视解译，进而确定调整盐碱耕地作为荒地后的土地利用类型和种植结构分布。

### 8.1.2 水盐均衡模型计算方法

#### 8.1.2.1 水量均衡模型及其分量计算方法

在本书的研究时段内，研究区内耕地的水量均衡方程为

$$I + P_i - ET_i - D_{ai} - G_{iw} = (S_y \Delta H_i + \Delta S_i) A_i \tag{8.1}$$

研究区内荒地的水量均衡方程为

$$P_w + G_{iw} - ET_w - D_{aw} = (S_y \Delta H_w + \Delta S_w) A_w \tag{8.2}$$

式中：$I$ 为灌溉水总量，mm；$P_i$ 和 $P_w$ 分别为耕地降水量和荒地降水量，mm；$ET_i$ 和 $ET_w$ 分别为耕地腾发量和荒地腾发量，mm；$D_{ai}$ 和 $D_{aw}$ 分别为耕地排水量和荒地排水量，mm；$G_{iw}$ 为耕地到荒地的地下水通量，mm；$S_y$ 为研究区给水度；$\Delta H_i$ 和 $\Delta H_w$ 分别为耕地地下水位变化量和荒地地下水位变化量，mm；$\Delta S_i$ 和 $\Delta S_w$ 分别为耕地土壤储水变化量和荒地土壤储水变化量，mm；$A_i$ 和 $A_w$ 分别为耕地面积和荒地面积，$m^2$。

水量均衡模型中的灌排水量、降水量、地下水变化量、土壤储水变化量皆可由野外实际监测数据得到。腾出量 $ET$ 可由式（8.3）计算得到，参考作物需水量 $ET_0$ 可由微型气象站提供的数据经 Penman-Monteith 公式计算得到，作物系数 $K_c$ 可参考 FAO-56 和河套灌区主要作物参数的相关研究成果。

$$ET = K_c ET_0 \tag{8.3}$$

根据经验公式来计算荒地腾发量为

$$ET_w = (0.3356 - 0.2929 \ln h_w) E_0 + P - \Delta S_{si} - \alpha P \tag{8.4}$$

式中：$ET_w$ 为荒地腾发量，mm；$h_w$ 为地下水埋深，mm；$E_0$ 为水面蒸发量，mm；$P$ 为降水量，mm；$\Delta S_{si}$ 为土壤储水量变化，mm；$\alpha$ 为降水入渗补给系数，参考过往研究取值 0.1。

#### 8.1.2.2　盐分均衡模型及各分量计算方法

根据上述简化的耕地和荒地水量均衡模型，可构建对应的盐分均衡模型，研究区总体及耕地、荒地的盐分均衡方程分别为

$$\Delta S = S_t - S_0 \tag{8.5}$$

$$\Delta S_i = IC_i - D_{ai}C_a - G_{iw}C_g \tag{8.6}$$

$$\Delta S_w = G_{iw}C_g \tag{8.7}$$

式中：$\Delta S$ 为研究区盐分总变化量，t；$S_t$ 为研究区总引入盐量，t；$S_0$ 为研究区总排盐量，t；$\Delta S_i$ 为耕地盐分变化量，t；$\Delta S_w$ 为荒地盐分变化量，t；$D_{ai}$ 为排水沟排水量，L；$G_{iw}$ 为地下水排水量，L；$C_i$ 为灌溉引水矿化度，g/L；$C_a$ 为排水沟中排水矿化度，g/L；$C_g$ 为地下水矿化度，g/L。

式（8.6）和式（8.7）中的 $C_i$、$C_a$、$C_g$ 均可以通过监测得到。通过 $\Delta S$、$\Delta S_i$ 和 $\Delta S_w$ 可分别判断研究区及其内部耕地和荒地的积盐、脱盐状态。

## 8.2　结果与分析

### 8.2.1　水量均衡分项计算结果

#### 8.2.1.1　种植结构及不同地类分布

研究区 2019 年荒地修正前后土地利用类型图、2019 年和 2020 年种植结构分布图分别如图 8.1 和图 8.2 所示。在 2019 年的作物种植结构调查中，修正后的荒地占比从 5.43% 调整到 6.01%，增加了 0.58%，向日葵占比由 55.06% 减少到 54.48%。在 2020 年的土地利用分类中，将此类盐碱耕地划分进荒地中。研究区 2019 年和 2020 年不同土地

利用类型面积及比例见表 8.1，相比修正荒地面积前的 2019 年，2020 年向日葵的种植比例由 55.06％增加到 60.37％，玉米由 19.97％减少到 17.39％，小麦由 7.08％减少到 5.06％，减少了 2.02％，其他作物由 5.07％减少到 3.78％。向日葵的种植面积有所增加，其他作物种植面积减少，一方面是近年来引水量逐步缩减导致排水排盐量也在减少，研究区内部分地区次生土壤盐渍化风险加重，农户更愿意选取耐盐作物进行种植；另一方面是为了保证土壤肥力以及预防病虫害，通常每 1～3 年就对田块调整 1 次并种植作物，种植结构的调整会对灌溉引水、排水、作物需水量、地下水交换产生一定的影响，但总体来讲研究区的种植结构相对稳定。

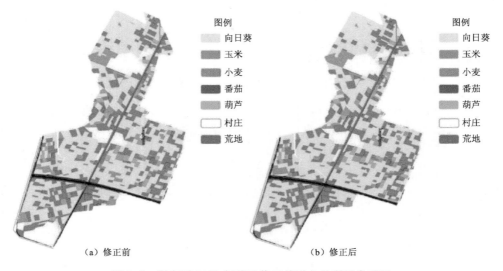

（a）修正前　　　　　　　　　　　　（b）修正后

图 8.1　研究区 2019 年荒地修正前后土地利用类型图

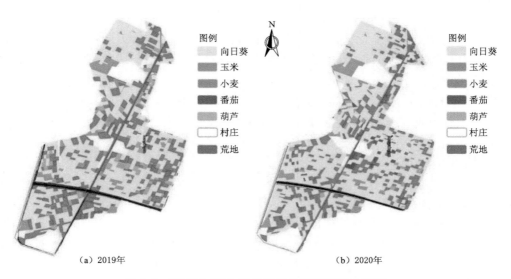

（a）2019 年　　　　　　　　　　　　（b）2020 年

图 8.2　研究区 2019 年和 2020 年种植结构分布图

表 8.1　　　　　　　　　　　研究区不同土地利用类型面积及比例

| 作物或土地类型 | 2019 年 | | | | 2020 年 | |
|---|---|---|---|---|---|---|
| | 修正前面积/hm² | 比例/% | 修正后面积/hm² | 比例/% | 面积/hm² | 比例/% |
| 向日葵 | 182.74 | 55.06 | 180.82 | 54.48 | 200.36 | 60.37 |
| 玉米 | 66.28 | 19.97 | 66.28 | 19.97 | 57.72 | 17.39 |
| 小麦 | 23.50 | 7.08 | 23.49 | 7.08 | 16.79 | 5.06 |
| 其他作物 | 16.83 | 5.07 | 16.83 | 5.07 | 12.55 | 3.78 |
| 荒地 | 18.02 | 5.43 | 19.95 | 6.01 | 19.95 | 6.01 |
| 村庄 | 24.53 | 7.39 | 24.53 | 7.39 | 24.53 | 7.39 |
| 合计 | 331.89 | 100.00 | 331.89 | 100.00 | 331.89 | 100.00 |

#### 8.2.1.2　引排水特征分析

研究区 2 年生育期内的渠系引水总量分别为 158.7 万 m³ 和 129.94 万 m³，降水量分别为 22.03 万 m³ 和 50.25 万 m³，进入研究区的总水量分别为 180.73 万 m³ 和 180.19 万 m³。农民用水管理协会根据种植结构比例以及降水量等，通过关闭引水闸的方式适当调节引水量。在种植结构较为稳定的情况下，研究区的引水量也相对较为稳定。2 年进入研究区的盐量分别为 83.17t 和 71.12t。排水总量分别为 15.55 万 m³ 和 12.23 万 m³，排盐量分别为 34.61t 和 25.93t。根据实测的退排水量、退排水矿化度，以水盐平衡方程，推导出排水沟中的排水中有地下水排水和地表退水，地表退水的存在说明研究区存在着水资源浪费的情况。

2019 年和 2020 年研究区生育期灌排事件如图 8.3 所示，研究区为引黄灌溉，灌溉水矿化度较为稳定。引入的盐分随引水量的增加而增大，两者呈线性关系。引排水比和引排盐比都相对稳定，由于降雨的矿化度较小，因此降水量会对引排比产生影响，例如第 3 次、第 4 次灌水期间降水较为集中，虽然引水量相对较少，但引排比相对较大。研究区排水主要由地下水排水和地表退水组成，排水水质受地下水矿化度和地表水矿化度的影响。

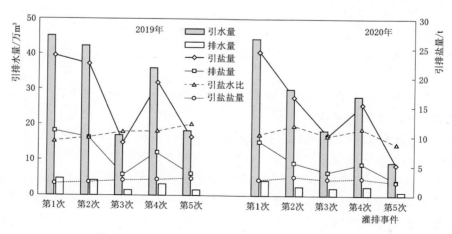

图 8.3　2019 年和 2020 年研究区生育期灌排事件

### 8.2.1.3　耕荒地腾发量

研究区 2019 年和 2020 年不同作物及土地类型腾发量如图 8.4 所示。2019 年和 2020 年空间平均腾发量分别为 465.5mm 和 434.8mm，腾发总量分别为 143.08 万 $m^3$ 和 133.64 万 $m^3$，分别占生育期总引水量的 79.17% 和 74.17%。2019 年腾发量偏大，分析原因是：2020 年作物生育期降水频繁且降水量多，引水总量相较 2019 年减少 28.76 万 $m^3$。在作物生长旺盛期的 6 月、7 月蒸散值最大，2019 年 6 月、7 月的平均气温要高于 2020 年同时期的气温。2019 年荒地面积修正前后耕地腾发量分别为 134.64 万 $m^3$ 和 133.76 万 $m^3$，耕地腾发量减小 0.65%；荒地腾发量分别为 9.52 万 $m^3$ 和 10.53 万 $m^3$，增加了 10.61%。荒地腾发量明显大于耕地，荒地不灌溉，植被覆盖度较低，灌水后，渠系及田间渗漏形成局部地下水浅埋深区域。水力梯度使得耕地和荒地间发生横向地下水迁移，荒地充分利用了田间及渠系渗漏。

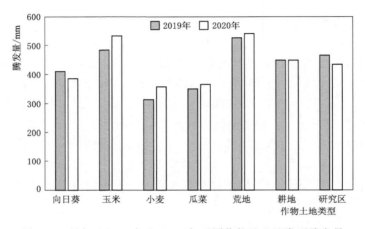

图 8.4　研究区 2019 年和 2020 年不同作物及土地类型腾发量

### 8.2.2　干排盐过程特征分析

研究区内部水循环过程十分复杂，作物全生育期内的来水项为灌溉引水和降水，灌水时，通过斗渠、农渠、毛渠三级引水渠系输送到农田，在输水过程中产生一部分渠系损失，这部分水会通过渠系渗漏补给到浅层地下水中，少部分地表退水通过排水沟直接排出研究区。

灌水事件发生时，只对耕地进行灌溉，由于不同作物的灌溉调度不同，灌水时间短且灌水量较大，加之土壤渗透效率较高，土壤水还未达到田间持水量时就开始补给耕地地下水。耕地地下水位往往高于不进行灌溉的荒地地下水位，耕地和荒地间产生的水力梯度使得地下水从耕地迁移到周围荒地，这一过程明显而强烈。这部分迁移的地下水量可用于满足荒地的潜水蒸发。若一段时间内荒地的腾发量超过耕地向荒地的地下水横向迁移量，干排盐系统便开始发挥作用。在浅层地下水的消耗项里，除潜水蒸发外，有一部分水量从排水沟中排出，由于研究区的耕地和荒地是交叉分布的，这部分地下排水量既有耕地地下水也有荒地地下水。进入灌溉间歇期后，盐分会随着水分通过潜水蒸发进入土壤和地表，经过下一次灌溉淋洗回到浅层地下水，如此循环[118,147]。

积累在研究区的盐分不是均匀分布的，也并不完全累积在灌溉面积上，耕地中盐分被淋洗到浅埋深地下水系统后，经重分布，盐分被运移到荒地或地势较低处，区域内盐分主要分布在地势低洼的荒地和中低产田，因此研究区形成高产田、中产田、低产田和盐碱荒地插花式分布的格局[155]，研究区干排水（盐）系统示意图如图8.5所示。

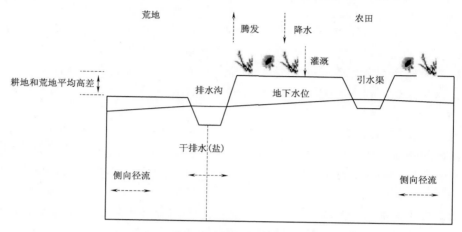

图 8.5　研究区干排水（盐）系统示意图

### 8.2.3　干排水、盐定量分析

以生育期每次灌水时间段作为研究时段，2019年修正荒地面积前后的耕地和荒地积盐量如图8.6所示。图中 BC、AC 分别表示修正荒地面积前后的耕地积盐量，BW、AW 分别表示修正荒地面积前后的荒地积盐量。根据引排水资料及水盐均衡方程，计算得到生育期内荒地面积修正前后水盐分类及迁移量，研究表明，将盐碱耕地调整为荒地后，荒地面积虽然仅增加了 0.58%，但从耕地迁移到荒地的水分由 9.52 万 m³ 增加到 11.29 万 m³，增加了 18.59%。从耕地迁移到荒地的盐分由 36.75t 增加到 43.57t，积盐量增加了

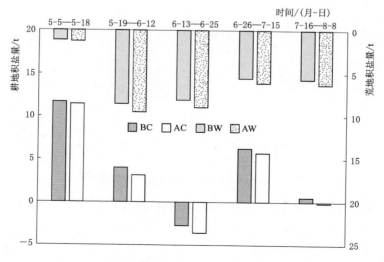

图 8.6　2019 年修正荒地面积前后耕地和荒地积盐量

18.56%，耕地积盐量从11.29t减少到4.99t，减少了55.8%。荒地面积经过修正后，其积盐量增多，耕地积盐量减少，甚至能达到脱盐的效果。

相关研究表明，荒地发挥干排盐作用的有效距离和范围取决于荒地的位置和面积比例。经过修正，新增的荒地起到了较好的容纳盐分的作用，分析原因如下：①调整的是紧邻盐荒地、地势较低、盐渍化程度较高的耕地，种植的作物长势较差，低产甚至绝产，实际上是将此类地明确定义成排盐荒地；②研究区排盐荒地与耕地交错分布，呈插花式，有关研究指出，干排盐存在有效距离和范围，插花式的荒地布置形式保证了荒地都在有效距离内，能更好地发挥干排盐的效果；③耕荒比的减小也会使干排盐效果增强。总体来讲，该方法是减轻区域盐渍化、优化农业生产结构、制定区域灌溉方案的重要基础。

研究区2020年生育期耕地和荒地积盐量如图8.7所示。2年生育期进入研究区的总水量（灌溉和降雨）分别为180.73万$m^3$和180.19万$m^3$，通过引水渠道进入研究区的灌溉水总量分别为158.7万$m^3$和129.94万$m^3$，降水量分别为22.03万$m^3$和50.25万$m^3$。虽然2020年降水量较多，但降雨不连续且强降雨较少。考虑到降水集中期时的蒸发强度较大，产生的深层渗漏较少，与地下水变化具有较弱的相关性，因此降水对干排盐系统的影响并不明显。修正荒地面积后，2年生育期从耕地迁移至荒地的水量分别为11.284万$m^3$和8.541万$m^3$，分别占总引水量的比例为7.11%和6.57%。于兵等[152]指出，引水量较大时，耕地向荒地的地下水迁移较多，地下水迁移量基本与降水量成负相关关系，这与本书得出的结论基本相符。2年生育期排水总量分别为15.55万$m^3$和12.23万$m^3$，排水量与引水总量呈正相关关系。

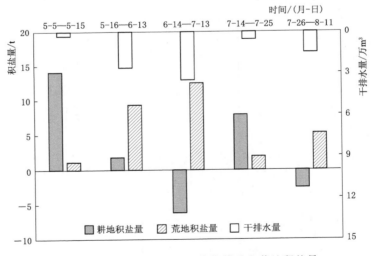

图8.7　研究区2020年生育期耕地和荒地积盐量

根据引排水监测及耕地向荒地的地下水迁移量计算结果，计算研究区盐分平衡及地下水迁移盐量。2年生育期引盐量分别为83.17t和71.12t，通过排水沟排出研究区的盐量分别为34.61t和25.93t，分别占总引入盐量的41.61%和36.46%；滞留在研究区内的盐量分别为48.56t和45.19t。地下水携带盐分从耕地迁移到荒地并累积的盐分分别为

43.57t 和 38.05t，分别占总引入盐量的 52.39％ 和 53.50％；耕地累积盐量分别为 4.99t 和 7.14t，分别占总引入盐量的 6.00％ 和 10.04％。

### 8.2.4　干排盐系统可持续性分析

灌排系统、地下水系统、种植结构、气候条件、耕地和荒地面积及位置分布都会对干排盐系统产生不同程度的影响[149]，定量分析不同要素对干排盐系统的影响较为困难。在主要影响因素中，气候条件属于客观条件，耕荒比和荒地的位置分布可以进行人为的设定与调整[129]，Wang et al.[147] 指出荒地的分布模式是设计干排盐系统时的一个关键方面，在实际生产中改变荒地位置和面积会受到各种实际因素不同程度的制约，但是综合农业用地和干排盐系统长期产生的经济效益，将紧邻荒地、盐渍化程度较为严重、作物产量低、经济效益较差的耕地调整为排盐荒地的方案具有切实的可行性。

河套灌区缺乏对荒地的重视及管理，荒地容纳盐分总量也有上限[84]，水分携带可溶盐通过毛细管作用向上运输，荒地表层土壤上累积大量盐分，土壤水力性能退化。土壤表面附近的蒸气压梯度引起的毛细管上升的驱动力降低，土壤剖面被进口堵塞，影响荒地的蒸发，长期的盐分积累可能会对干排盐系统乃至灌区产生负面影响，因此干排盐系统的有效性及可持续性值得进一步讨论。为了灌区的可持续发展，仍需要采取适当的管理措施完善排水系统，在保证明沟排水良好运行的前提下，耕地、荒地间的水盐迁移才有保障。灌区地下水埋深较浅，排水系统可将地下水控制在一定埋深内，防止表土在土壤强烈蒸发时出现积盐现象。灌排配套完善后，保证必需的淋洗水量经过地下水系统排出，才可能保证耕作层稳定脱盐并尽可能排出历史积累的盐分。

## 8.3　讨论

河套灌区现有耕地面积为 57.4hm²，盐荒地面积为 20.9 万 hm²，耕地和荒地呈交错分布[43]。其中轻度、中度和重度盐渍化耕地分别占总面积的 29.8％、17.2％ 和 9.2％[232]。河套灌区目前引水渠系大多进行了衬砌，但排水系统仍不完善，灌排设施不配套的情况较为严重，年引水量为 44 亿～46 亿 m³，排水量仅为 2 亿～3 亿 m³，大量盐分滞留在灌区内无法排出，只能在灌区内部进行再分配[173]。

关于河套灌区不同地类间的水盐运移研究已经取得一定的进展[9,150,152,233]，但研究尺度不同，干排盐的效果具有较大差异。从表 8.2 中可以看出，河套灌区耕荒比减小说明灌区内部荒地面积增多，但干排盐量占总引入盐量的比例反而减小。在永联试验区，相关研究表明，耕荒比虽然减小，但干排盐占总引入盐量的比例增加。不同的研究尺度，干排盐系统受到的影响因素不同，受到的影响程度不同，因此干排盐效果具有较大差异，即便是相同的研究区，气候条件、引排水量、灌排设施、耕荒比等因素的变化都会对干排盐系统产生不同的影响。本书中，耕荒比为 14.41，2 年生育期干排盐量占总引入盐量的 52.95％，分析原因是：虽然灌排设施仍不尽完善，但依托沙壕渠试验站的有利条件，该地区长年进行着土壤盐渍化改良活动，现状荒地基本都处于研究区内地势最为低洼、灌排条件最为不利的地方，加之耕地、荒地呈插花式分布，即现状荒地分布使得研究区干排盐系统处在较为良好的运行状态。

表 8.2 河套灌区不同尺度条件下干排盐效果

| 区域 | 年份 | 耕荒比 | 干排盐量/总引入盐量 | 引排水量比 | 引排盐量比 |
|------|------|--------|---------------------|------------|------------|
| 河套灌区 | 1987—1997 | 3.14 | 0.65 | — | — |
| | 2006—2012 | 2.74 | 0.61 | 9.41 | 3.16 |
| 义长灌域 | 1990—2002 | — | 0.73 | — | 6.80 |
| 机缘分干渠 | 2001—2013 | 3.30 | 0.67 | 8.47 | 4.20 |
| 羊场农渠 | 2012—2013 | 7.69 | 0.40 | 10.00 | 4.76 |
| 永联试验区 | 1990—2012 | 6.62 | 0.60 | 33.54 | 9.96 |
| | 2007 | — | 0.94 | 48.50 | 18.05 |
| | 2007—2011 | 4.99 | 0.83 | 4.87 | 9.23 |

河套灌区荒地周围分布着部分作物长势较差、地势较为低洼、盐渍化程度较为严重的耕地，在一定程度上已经发挥了排盐荒地的作用。本书通过对荒地进行修正，使干排盐取得了更好的效果。但如何设计耕地和荒地的面积比例、空间布局、高度差等，使干排盐效果达到最佳效果是一个难点。

## 8.4 本章小结

（1）对研究区荒地面积进行修正，荒地面积从 18.02hm² 增加到 19.95hm²，增长了 1.93hm²，但从耕地迁移到荒地的水量由 9.52 万 m³ 增加到 11.29 万 m³，增加了 18.59%。干排盐量由 36.75t 增加到 43.57t，增加了 18.56%，耕地积盐量从 11.29t 减少到 4.99t，减少了 55.8%。

（2）研究区引入的盐分随着引水量的增加而增加，两者呈线性关系，研究区为引黄灌溉，灌溉水矿化度较为稳定。排水主要由地下水排水和地表退水组成，排水水质受地下水矿化度和地表水矿化度的影响。2019 年和 2020 年研究区生育期引盐量分别为 83.17t 和 71.12t，排盐量分别为 34.61t 和 25.93t，分别占总引入盐量的 41.61% 和 36.46%；滞留在研究区内的盐量分别为 48.56t 和 45.19t。地下水携带盐分从耕地迁移到荒地并累积的盐分分别为 43.57t 和 38.05t，分别占总引入盐量的 52.39% 和 53.50%；耕地累积盐量分别为 4.99t 和 7.14t，分别占总引入盐量的 6.00% 和 10.04%。

（3）综合考虑农业用地和干排盐系统长期产生的经济效益等因素，将紧邻荒地、盐渍化程度较为严重、作物产量低、经济效益较差的耕地调整为排盐荒地具有切实的可行性。河套灌区缺乏对盐荒地的重视及管理，干排盐系统的有效性及可持续性值得进一步讨论，在限制引水背景下仍需完善排水系统，将盐分排出灌区。

# 第9章 基于 SahysMod 模型的不同灌排管理土壤水盐动态模拟

农业发展过程中存在的水利设施不配套、土地不平整等问题是导致河套灌区土壤盐渍化的重要诱因[22,149]。建立并完善配套的灌排系统[147]、合理控制地下水位[192]、选择适宜的灌水方式和灌水量[86,234] 等都是土壤盐渍化防治的有效措施。区域尺度上土壤水盐运移规律较为复杂且变异性较强[24]，相关的灌排管理研究多是田间和小区域尺度，也多集中在耕地的土壤盐分动态分析上[159]，综合考虑区域内耕地及荒地土壤盐分动态变化的灌排管理方面的研究还相对较少[155]。前几章分析了典型渠灌排单元的现状农业水文过程，第6章进一步明确了荒地可以缓解区域内部积盐情况。为了更深入地了解耕地与荒地土壤盐分长期动态变化及迁移规律，本章以限制引水背景下的河套灌区典型斗渠灌排单元为研究对象，基于研究区的土地利用类型、作物种植结构、土壤水盐、地下水盐等数据，利用率定及验证后的 SahysMod 模型，模拟分析现状灌排管理条件下未来 10 年研究区耕地和荒地土壤盐分动态变化，以期制定合理的用水管理措施，优化灌排管理模式，以缓解区域土壤盐渍化。

## 9.1 SahysMod 模型基本原理

### 9.1.1 SahysMod 模型介绍

SahysMod 模型是一种分布式水盐均衡模型，主要包括农业水盐平衡模型和地下水模型[235]。利用内部及外部多边形将研究区分为不同的单元网格，每个网格作为一个独立的研究单元，可以设置不同的参数。模型能够考虑研究区的土壤、作物、灌溉、地形等空间变异性，用来预测和分析区域长序列土壤盐分、地下水埋深、排水量及不同用水管理方案下动态变化[165,236]。SahysMod 模型的优点是所需参数相对较少，研究尺度可大可小，在较大的空间尺度上和长序列预测中具有较好的应用性。模型以季度为时间单位，可以分 1~4 个模拟季节，每个季节的长短可依据其持续的月份确定。在垂直方向上将土壤剖面分为 4 层，即地表、根区、过渡层、含水层。

### 9.1.2 水量平衡方程

地表水量平衡方程为

$$P_p + I_g + \lambda_0 = E_0 + \lambda_i + S_0 + \Delta W_s \tag{9.1}$$

式中：$P_p$ 为降水量，mm；$I_g$ 为控制面积上的灌水量，mm；$\lambda_0$ 为从根区进入地表的水量（仅有当地下水位在地表以上时才发生），mm；$E_0$ 为地表水面蒸发量，mm；$\lambda_i$ 为从地表入渗到根区的水量，mm；$S_0$ 为地表径流量，mm；$\Delta W_s$ 为储存在地表的水量变化量，mm。

根层水量平衡方程为

$$\lambda_i + R_r = \lambda_0 + E_{ra} + L_r + \Delta W_f + \Delta W_r \tag{9.2}$$

式中：$\lambda_i$ 为从地表入渗到根区的水量，mm；$R_r$ 为进入根层的毛管上升水量，mm；$\lambda_0$ 为从根区进入地表的水量（仅有当地下水位在地表以上时才发生），mm；$E_{ra}$ 为根区腾发量，mm；$L_r$ 为根层渗漏水量，mm；$\Delta W_f$ 为根层的田间持水量和凋萎点之间的土壤有效持水量，mm；$\Delta W_r$ 为根层的田间持水量和饱和含水量之间的土壤持水量（当根层水量处于田间持水量与完全饱和之间时），mm。

式（9.2）中，$R_r$ 和 $L_r$ 不能同时发生，即 $R_r > 0$ 时，$L_r = 0$，反之亦然。当计算时段较长时，$\Delta W_f$ 通常可以忽略不计。

过渡层水量平衡方程为

$$L_r + L_c + V_r + G_{ti} = R_r + V_L + G_d + G_{t0} + \Delta W_x \tag{9.3}$$

式中：$L_r$ 为根层渗漏水量，mm；$L_c$ 为渠道渗漏水量，mm；$V_r$ 为从含水层垂直进入过渡层的毛管上升水量，mm；$R_r$ 为进入根层的毛管上升水量，mm；$V_L$ 为从过渡层渗漏到含水层的水量，mm；$G_d$ 为总排水量，mm；$G_{ti}$ 为水平流入含水层中的水量，mm；$G_{t0}$ 为水平流出含水层中的水量，mm；$\Delta W_x$ 为过渡层的田间持水量和凋萎点之间的有效持水量，mm。

式（9.3）中，$V_r$ 和 $V_L$ 不能同时发生，即 $V_r > 0$，$V_L = 0$，反之亦然。

含水层水量平衡方程为

$$G_i + V_L = G_0 + V_r + G_w + \Delta W_q \tag{9.4}$$

式中：$G_i$ 为水平进入含水层的地下水量，mm；$V_L$ 为从过渡层渗漏到含水层的水量，mm；$G_0$ 为水平流出含水层的地下水量，mm；$V_r$ 为从含水层垂直进入过渡层的毛管上升水量，mm；$G_w$ 为地下水抽水量，mm；$W_q$ 为含水层储水量，mm。

SahysMod 模型水量平衡示意图如图 9.1 所示。

### 9.1.3　盐分平衡方程

在 SahysMod 模型中，盐分平衡方程是基于水量平衡方程及其中各项所对应的盐分建立的，其建立综合考虑了不同种植制度下的农业灌溉、渠系入渗、降水量、潜水蒸发、排水盐分等因素。

地表盐分平衡方程为

$$Z_{sf} = Z_{si} + Z_{se} + Z_{s0} \tag{9.5}$$

式中：$Z_{sf}$ 为地表盐分含量，dS/m；$Z_{si}$ 为地表初始土壤盐分含量，dS/m；$Z_{se}$ 为灌溉、降水及从根区进入地表的水分携带的盐分含量，dS/m；$Z_{s0}$ 为地表径流量携带的盐分含量，dS/m。

根层土壤盐分平衡方程为

$$\Delta Z_r = P_p C_p + (I_g - I_0)C_i + R_r C_{xi} - S_0(0.2C_{ri} + C_i) - L_r C_L \tag{9.6}$$

式中：$\Delta Z_r$ 为根层土壤盐分含量，dS/m；$P_p$ 为降水量，mm；$C_p$ 为降水中携带的盐分含量，dS/m；$I_g$ 为控制面积上的灌水量，mm；$I_0$ 为渗漏水量，mm；$C_i$ 为灌溉水量携带的盐分含量，dS/m；$R_r$ 为进入根层的毛管上升水量，mm；$S_0$ 为地表径流量，mm；$C_{ri}$

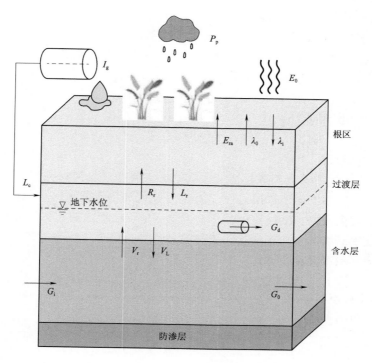

图 9.1  SahysMod 模型水量平衡示意图

为根层土壤分子中的盐分含量，dS/m；$C_{xi}$ 为进入根层的毛细管上升水中携带的盐分含量，dS/m；$L_r$ 为根层渗漏水量，mm；$C_L$ 为根层渗漏水中的盐分含量，dS/m。

过渡层土壤盐分平衡方程为

$$\Delta Z_x = L_r C_L + L_c C_{ic} + V_r C_{qi} + \xi_{ti} - R_r C_x - (Flx + V_L + G_d) C_x \tag{9.7}$$

式中：$\Delta Z_x$ 为过渡层土壤盐分含量，dS/m；$L_r$ 为根层渗漏水量，mm；$C_L$ 为根层渗漏水中的盐分含量，dS/m；$L_c$ 为渠道渗漏水量，mm；$C_{ic}$ 为灌溉渠系渗漏水进入过渡层中携带的盐分含量，dS/m；$V_r$ 为从含水层垂直进入过渡层的毛管上升水量，mm；$C_{qi}$ 为从含水层垂直进入过渡层的水中携带的盐分含量，dS/m；$\xi_{ti}$ 为地下水进入过渡层携带的盐分含量，dS/m；$R_r$ 为进入根层的毛管上升水量，mm；$C_x$ 为过渡层中水的盐分含量，dS/m；$Flx$ 为过渡层的淋洗效率，mm；$V_L$ 为从过渡层渗漏到含水层的水量，mm；$G_d$ 为总排水量，mm。

含水层土壤盐分平衡方程为

$$\Delta Z_q = \xi_{qi} + V_L C_{xx} - (V_r + G_{qi} + G_w) C_{0v} \tag{9.8}$$

式中：$\Delta Z_q$ 为含水层的盐分含量，dS/m；$\xi_{qi}$ 为地下水进入含水层携带的盐分含量，dS/m；$V_L$ 为从过渡层渗漏到含水层的水量，mm；$C_{xx}$ 为地下水从过渡层进入含水层时携带的盐分含量，dS/m；$V_r$ 为从含水层垂直进入过渡层的毛管上升水量，mm；$C_{qi}$ 为从含水层垂直进入过渡层的水中携带的盐分含量，dS/m；$G_w$ 为地下水抽水量，mm；$C_{0v}$ 为地下水从过渡层进入含水层时携带的盐分含量，dS/m。

### 9.1.4　地下水模块

SahysMod 模型采用有限差分法计算地下水流动，其基于泰森多边形法，在网格化时要综合考虑地形、种植制度、土壤、灌排条件等，每个多边形栅格的中心与邻近的五个栅格中心点相连，由此可求出多边形区域内地下水的移动。

## 9.2　SahysMod 模型建立

### 9.2.1　模型数据来源

SahysMod 模型主要输入参数包括气象数据、土壤盐分、作物类型、地下水埋深及矿化度、灌溉排水等，主要输出数据包括土壤盐分、排水和地下水的矿化度、地下水埋深、排水量等。其中气象数据、土壤盐分、作物类型、地下水埋深及矿化度等基础参数，可以通过实际监测及查阅相关文献获取，部分中间过程参数值采用模型默认值。SahysMod 模型主要参数及数据来源详见表 9.1。

表 9.1　SahysMod 模型主要参数及数据来源

| 主要参数 | 采样时间/(年-月) | 数 据 来 源 |
|---|---|---|
| 气象数据 | 2016－4—2021－4 | 沙壕渠微型自动气象站及当地气象局 |
| 地下水数据 | 2018－7—2021－4 | 地下水观测井长期观测 |
| 土壤电导率 | 2018－5—2021－4 | 田间分层采样 |
| 土壤理化性质 | 2019－7 | 田间实地采样分析 |
| 含水层性质 | 2019－4—2021－4 | 历史资料及实地采样分析 |
| 灌排水数据 | 2019－4—2021－4 | 流速仪观测及用水管理段调查 |

### 9.2.2　研究区网格划分

根据土地利用类型、高程、作物类型及灌排设施等因素对土壤含盐量的影响，在 SahysMod 模型中，利用节点网络将研究区划分为 121 个多边形网格（内部网格 81 个，外部网格 40 个），设定比例为 1∶191，模型认为每个网格均是 1 个均质的单元，考虑不同网格间的土壤水盐运动。内部多边形网格为研究区域，各内部多边形网格参数均相同，如果同一个网格内有多种农作物，则根据其所占的面积百分比决定各网格的参数。外部多边形位于研究区边界，研究区东面和北面是 X713 县道，西南是沙壕分干渠，边界较为清晰且地下水侧向径流稳定，同时四周的干渠和公路在一定程度上起到了阻断其地下水侧向运移的作用，故将该条件下的研究区外围边界条件定为水头边界条件。SahysMod 模型多边形网格设置如图 9.2 所示。

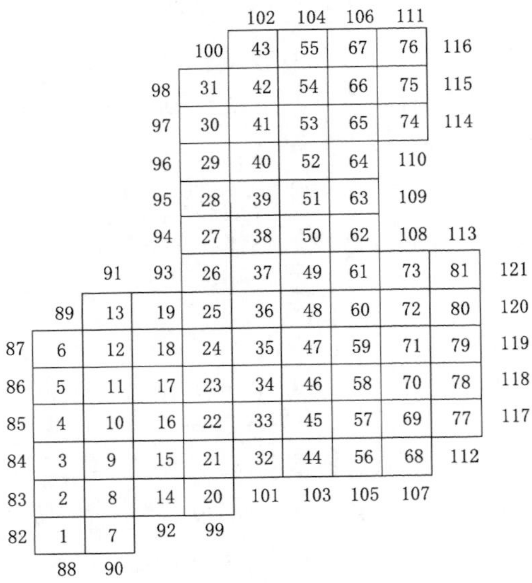

图 9.2　SahysMod 模型多边形网格设置

### 9.2.3　模型输入性参数

（1）季节性输入数据。根据研究区气候条件、作物生育期、灌溉期等，SahysMod 模型中包含 3 个模拟季节，分别是生育期（5—9 月）、秋浇期（10—11 月）和冻融期（12 月至次年 4 月）；灌溉降水量、潜水蒸发量、灌溉降水携带盐分等为实测数据；研究区地势平坦，坡降较小，径流极其微弱，因此认定无地表径流量，根区对灌溉降水的储存效率和含水层抽水量参考陈艳梅等[86-87] 和常晓敏[235] 的成果。SahysMod 模型季节性输入数据见表 9.2。

**表 9.2**　　　　　　　　　　　　**SahysMod 模型季节性输入数据**

| 多边形网格输入参数表 | 参 数 值 | 数据来源 |
|---|---|---|
| 季节 1 | 5—9 月 | M |
| 季节 2 | 10—12 月 | M |
| 季节 3 | 次年 1—4 月 | M |
| 降水量/m | 0.125（季节 1）、0.01（季节 2）、0.01（季节 3） | M |
| 灌溉量/m | 0.421（季节 1）、0.241（季节 2）、0（季节 3） | M |
| 潜水蒸发量/m | 0.741（季节 1）、0.11（季节 2）、0.07（季节 3） | M |
| 灌溉降水携带盐分/(dS/m) | 0.85 | M |
| 地表径流量 | 0 | M |
| 根区对灌溉降水的储存效率 | 0.8 | M 或 R |
| 含水层抽水量/m | 0 | R |

注　M 表示实测资料或调研资料，R 表示查阅参考文献获得，S 表示通过模型率定获得，余同。

（2）土壤电导率。在 SahysMod 模型中，电导率即田间土壤饱和电导率，即 $EC$ 值。对土壤饱和浸提液的电导率 $EC_e$ 与田间土壤饱和状态下的电导率 $EC$ 进行关系换算，换算关系式为 $EC=2EC_e$，将模型中输出的 $EC$ 值均已换算成 $EC_e$ 值，下文提及的土壤电导率均指 $EC_e$。矿化度与模型所需电导率 $EC$ 值的转换关系为 $1g/L=1.7dS/m$。

（3）其他参数。考虑部分参数的空间变异性，主要有根区和过渡层的初始土壤盐分、根区总孔隙度、根区有效孔隙度、根区田间持水量、根区淋洗效率。本章以 2018—2019 年土壤盐分资料为基础，对 SahysMod 模型进行参数率定，利用 2020 年土壤盐分数据进行验证。SahysMod 模型多边形输入数据见表 9.3。

**表 9.3**　　　　　　　　　　　　**SahysMod 模型多边形输入数据**

| 多边形网格输入参数表 | 参 数 值 | 数据来源 |
|---|---|---|
| 地表厚度/m | 0 | M |
| 根区厚度/m | 1 | M |
| 过渡层厚度/m | 4 | M |
| 含水层厚度/m | 90 | M |
| 灌溉面积比例 | 0.87 | M |
| 预测周期/年 | 10 | M |
| 轮作指数 | 1 | M |
| 过渡层水平导水率/(m/d) | 0.13 | R |

续表

| 多边形网格输入参数表 | 参 数 值 | 数据来源 |
|---|---|---|
| 含水层水平导水率/(m/d) | 6.08 | R |
| 根区总孔隙度 | 0.48 | R |
| 过渡层总孔隙度 | 0.48 | R |
| 含水层总孔隙度 | 0.4 | R |
| 根区有效孔隙度 | 0.07 | R |
| 过渡层有效孔隙度 | 0.07 | R |
| 含水层有效孔隙度 | 0.1 | R |
| 根区淋洗效率 | 0.85 | C |
| 过渡层淋洗效率 | 0.8 | C |
| 含水层淋洗效率 | 1.0 | C |
| 根区初始土壤电导率/(dS/m) | 0.34~6.79 | M |
| 过渡层初始土壤电导率/(dS/m) | 0.22~5.58 | M |
| 含水层初始土壤电导率/(dS/m) | 0.13~2.15 | M |
| 初始地下水相对参考水位/m | 1047.9~1049.3 | M |
| 每季含水层流入水量/m | 0 | M |
| 每季含水层流出水量/m | 0 | M |
| 自然排水量/m | 0 | M |
| 产生毛管水上升水的地下水埋深临界深度/m | 2.5 | M |
| 排水沟深/m | 1.5 | M |
| 排水间距/m | 100 | M |

### 9.2.4　模型参数敏感性分析

对 SahysMod 模型中各种参数的敏感性进行分析，以检验其准确性，并指导模型的率定和验证，对根区淋洗效率（Flr）、过渡层淋洗效率（Flx）、含水层淋洗效率（Flq）、含水层导水率（Kaq）进行敏感性分析。Flr 是指根区渗漏水盐分浓度与饱和土壤水平均盐分浓度之比，取值范围为 0~1，在率定时，考虑其空间变异性，通过取定的不同的根区淋洗效率值，模拟计算 0~100cm 深度根区土壤盐分，将根区土壤盐分模拟值与实测值进行对比，吻合最佳的淋洗效率即为实际根区淋洗效率；Flx 为过渡层渗漏水盐分浓度与饱和土壤水平均盐分浓度之比，可取 0~1 的任意值；Flq 是从含水层渗漏出的溶液盐分浓度与含水层饱和时的平均盐分浓度的比值，取值范围为 0.01~2，Flq 越大说明淋洗效果越好。由于本书的研究尺度相对较小，根区、过渡层和含水层性质相差不大，在进行率定时，不考虑 Flr、Flx、Flq 和 Kaq 的变异性。参照前人研究[189]，将参数调整 ±15% 和 ±20% 来评定其敏感性。在进行敏感性分析时，认为模型中其他参数基本不变。采用均方根误差（RMSE）和相对误差（MRE）指标进行参数率定评价，计算公式分别为

$$RMSE = \sqrt{\frac{1}{N} \sum_{i=1}^{N} (P_i - O_i)^2} \tag{9.9}$$

$$MRE = \frac{1}{N} \sum_{i=1}^{N} \frac{(P_i - O_i)}{O_i} \times 100\% \tag{9.10}$$

式中：$N$ 为实测值的个数；$O_i$ 为第 $i$ 个实测值；$P_i$ 为相应第 $i$ 个实测值的模拟值（$i=$ 1～$N$）。

$RMSE$ 和 $MRE$ 越接近 0，表示模型模拟精度越高，一般认为 $RMSE$ 与平均实测值的比值在 20％以内，$MRE$ 在±10％以内，即达到率定要求[102]。

## 9.3 SahysMod 模型率定与验证

### 9.3.1 模型率定及验证

以 2018—2019 年为率定期，2020 年为验证期。由于研究区划分出的网格数量较多，无法逐一进行验证，因此随机选取研究区内编号为 9、18、54、57 的耕地网格和编号为 3、41、46 的荒地网格，选取不同 Flr 值，通过模拟计算根区土壤 $EC_e$ 值，将实测值与模拟值进行比较，其中吻合度最佳的 Flr 值即为实际的 Flr 值。参照过往研究[101,104]，本书将 Flr 值的范围设定为 0.8～0.9，根区淋洗效率值率定结果见表 9.4。当 Flr 值为 0.85时，模拟结果与实测值拟合最好，$RMSE$ 和 $MRE$ 分别为 0.066dS/m 和 −0.22％。相关研究表明，Flr 值存在空间变异性，研究区耕地根区土壤大多为粉砂壤土，灌溉条件也较为统一，但耕地和荒地间的土壤质地、灌溉条件等存在一定差异，考虑到荒地占比仅为研究区总面积的 6.01％，因此将研究区整体的 Flr 值取为 0.85。

**表 9.4** 根区淋洗效率值率定结果

| 网格编号 | 土地利用类型 | Flr | $EC_e$ /(dS/m) | 时间/(年-月) | | | | | $RMSE$ /(dS/m) | $MRE$ /％ |
|---|---|---|---|---|---|---|---|---|---|---|
| | | | | 2018－7 | 2018－9 | 2019－5 | 2019－7 | 2020－8 | | |
| 9 | 耕地 | 0.8 | M | 5.46 | 7.21 | 6.75 | 5.07 | 4.98 | 0.171 | −0.702 |
| | | | P | 5.27 | 7.03 | 6.92 | 4.91 | 5.14 | | |
| 18 | 耕地 | 0.82 | M | 5.42 | 8.12 | 6.64 | 6.67 | 7.98 | 0.135 | −0.436 |
| | | | P | 5.31 | 8.26 | 6.77 | 6.55 | 7.82 | | |
| 54 | 耕地 | 0.84 | M | 5.28 | 7.48 | 6.29 | 7.82 | 8.08 | 0.103 | −0.256 |
| | | | P | 5.22 | 7.60 | 6.22 | 7.68 | 8.19 | | |
| 57 | 耕地 | 0.85 | M | 4.77 | 5.33 | 4.99 | 4.80 | 4.99 | 0.066 | −0.220 |
| | | | P | 4.81 | 5.31 | 5.07 | 4.72 | 4.91 | | |
| 3 | 荒地 | 0.86 | M | 11.59 | 11.11 | 10.51 | 10.54 | 10.07 | 0.119 | 1.096 |
| | | | P | 11.74 | 11.21 | 10.61 | 10.67 | 10.18 | | |
| 41 | 荒地 | 0.88 | M | 17.27 | 19.64 | 19.01 | 16.93 | 18.36 | 0.207 | 1.130 |
| | | | P | 17.46 | 19.79 | 19.22 | 17.19 | 18.57 | | |
| 46 | 荒地 | 0.9 | M | 14.54 | 11.90 | 14.01 | 12.60 | 15.59 | 0.208 | 1.492 |
| | | | P | 14.78 | 12.12 | 14.24 | 12.73 | 15.79 | | |

注　M 表示实测值，P 表示模拟值。

基于不同的 Flx 值，模拟计算地下水埋深，得到实测值与模拟值（表 9.5）。结果表明，当 Flx 为 0.8 时，地下水埋深的模拟值与实测值吻合最好，$RMSE$ 最小，为 0.02m，

$MRE$ 较小，为 $-1.19\%$，地下水埋深的模拟值与实测值的拟合度最好。当 Flq 为 $0.8\sim$ $1.0$ 时，地下水埋深的模拟值与实测值的吻合效果较好，同时参照陈艳梅等[86-87] 在河套灌区解放闸灌域的研究，将 Flq 取值为 $1.0$。当 Kaq 取 $8m/d$ 时，$RMSE$ 最小，为 $0.115m$，$MRE$ 较小，为 $7.68\%$，地下水埋深的模拟值与实测值吻合程度最好。Huang et al.[129] 指出地下水埋深较浅的盐渍化区域，Kaq 值较小，常晓敏[235] 将河套灌区解放闸灌域的 Kaq 均值选定为 $6.08m/d$，地下水埋深对 Kaq 影响较大，研究区位于解放闸灌域中东部，地下水埋深相对较浅，故认定取值相对合理。

表 9.5　　　　过渡层淋洗效率、含水层淋洗效率及含水层水平导水率的率定

| 参数 | 取值 | 不同时期地下水埋深预测值/m | | | | | $RMSE$ /m | $RME$ /% |
| | | 2018 年 7 月 | 2018 年 9 月 | 2019 年 5 月 | 2019 年 7 月 | 2020 年 8 月 | | |
|---|---|---|---|---|---|---|---|---|
| Flx | 0.4 | 1.796 | 2.214 | 1.106 | 1.293 | 2.641 | 0.141 | 8.82 |
| | 0.6 | 1.769 | 2.187 | 1.063 | 1.288 | 2567 | 0.108 | 6.68 |
| | 0.7 | 1.742 | 2.181 | 0.984 | 1.128 | 2.510 | 0.038 | 1.36 |
| | 0.8 | 1.725 | 2.140 | 0.955 | 1.102 | 2.399 | 0.020 | −1.19 |
| | 0.9 | 1.701 | 2.018 | 0.931 | 0.960 | 2.315 | 0.112 | −6.32 |
| Flq | 0.6 | 1.752 | 2.184 | 1.010 | 1.308 | 2.453 | 0.088 | 4.78 |
| | 0.8 | 1.739 | 2.176 | 0.992 | 1.127 | 2.436 | 0.012 | 0.81 |
| | 1.0 | 1.745 | 2.172 | 0.984 | 1.133 | 2.441 | 0.012 | 0.83 |
| | 1.2 | 1.719 | 2.138 | 0.950 | 1.104 | 2.409 | 0.020 | −1.27 |
| | 1.4 | 1.696 | 2.111 | 0.957 | 1.105 | 2.397 | 0.033 | −3.44 |
| Kaq/(m/d) | 3 | 1.552 | 1.983 | 0.886 | 0.947 | 2.614 | 0.185 | −10.76 |
| | 5 | 1.683 | 2.028 | 0.926 | 0.977 | 2.202 | 0.144 | −7.86 |
| | 8 | 1.814 | 2.291 | 1.105 | 1.220 | 2.507 | 0.115 | 7.68 |
| | 10 | 1.886 | 2.417 | 1.190 | 1.402 | 2.600 | 0.221 | 15.08 |
| | 12 | 1.954 | 2.514 | 1.269 | 1.308 | 2691 | 0.270 | 17.46 |
| 地下水埋深实测值/m | — | 1.731 | 2.165 | 0.972 | 1.119 | 2.428 | — | — |

以 2018 年 7 月、2018 年 9 月、2019 年 5 月和 2019 年 7 月的根区土壤 $EC_e$ 值进行 SahysMod 模型参数率定，以 2020 年 8 月的根区土壤 $EC_e$ 值进行验证（表 9.6）。结果表明，耕地与荒地根区土壤 $EC_e$ 值在模型中的模拟值与实测值吻合度较好，耕地 $RMSE$ 为 $0.087\sim0.131dS/m$，$MRE$ 为 $0.87\%\sim1.28\%$；荒地 $RMSE$ 为 $0.124\sim0.172dS/m$，$MRE$ 为 $0.99\%\sim1.88\%$。以上均可说明模型能够较好地反映研究区耕地、荒地根区土壤 $EC_e$ 值的变化规律。

### 9.3.2　模型参数敏感性分析

不同参数对模拟结果的影响程度不同，采用已选的参数值及相邻参数评定其参数敏感性，进而确定对模型输出结果产生较大影响的参数。选取编号为 3、9、41、54 的网格，分析 Flr 对根区土壤 $EC_e$ 值的敏感性。结果表明，当 Flr 增加 $15\%$ 时，根区土壤 $EC_e$ 值减小幅度较大；当 Flr 减小 $15\%$ 时，根区土壤 $EC_e$ 值增加趋势明显，Flr 对根区土壤 $EC_e$

**表 9.6**　　　　基于 SahysMod 模型的根区土壤 $EC_e$ 预测值与实测值比较

| 时间 /（年-月） | 耕　地 | | | | 荒　地 | | | |
|---|---|---|---|---|---|---|---|---|
| | 实测值 /（dS/m） | 模拟值 /（dS/m） | RMSE /（dS/m） | MRE /% | 实测值 /（dS/m） | 模拟值 /（dS/m） | RMSE /（dS/m） | MRE /% |
| 2018 - 7 | 5.65 | 5.68 | 0.106 | 1.28 | 14.17 | 14.19 | 0.147 | 0.99 |
| 2018 - 9 | 7.46 | 7.41 | 0.114 | 0.87 | 13.96 | 13.94 | 0.129 | 1.88 |
| 2019 - 5 | 6.59 | 6.64 | 0.109 | 1.11 | 14.21 | 14.14 | 0.124 | 1.52 |
| 2019 - 7 | 6.51 | 6.55 | 0.087 | 0.94 | 13.36 | 13.42 | 0.155 | 1.64 |
| 2020 - 9 | 6.93 | 6.90 | 0.131 | 1.05 | 14.47 | 14.43 | 0.172 | 1.71 |

值较为敏感。当 Flx 减小 20% 时，地下水埋深略有增加；当 Flx 增加 20% 时，地下水埋深略有减少，Flx 对地下水埋深的敏感性较低；当 Flq 增加 20% 时，地下水埋深略有减小；当 Flq 减小 20% 时，地下水埋深略有增加。以往研究表明，研究尺度不同，Flq 对地下水埋深的影响略有差异，当研究尺度为田间尺度时，Flq 对地下水埋深几乎无影响[166]，研究尺度变大时，区域内不同地类地下水埋深间的差异可能会使得 Flq 对地下水埋深有微弱的影响[154]；当 Kaq 增加 20% 时，地下水埋深增加，当 Kaq 减小 20% 时，地下水埋深减小。Edith et al.[89] 指出 Kaq 对地下水埋深较为敏感，地下水埋深随 Kaq 值的增加而增加，这与本书得出的结论一致。根区淋洗效率敏感性曲线如图 9.3 所示，过渡层淋洗效率、含水层淋洗效率和含水层水平导水率对地下水埋深的敏感性曲线如图 9.4 所示。

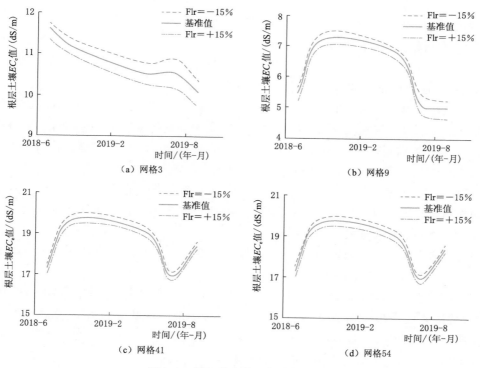

（a）网格3　　　　　　　　　　　　　（b）网格9

（c）网格41　　　　　　　　　　　　　（d）网格54

图 9.3　根区淋洗效率敏感性曲线

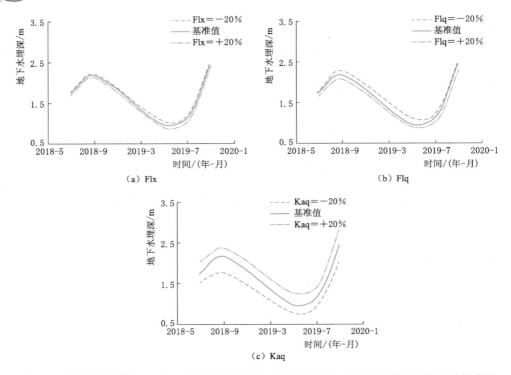

图 9.4　过渡层淋洗效率、含水层淋洗效率和含水层水平导水率对地下水埋深的敏感性曲线

## 9.4　不同情景下土壤水盐模拟预测

### 9.4.1　灌排模式情景设置

本章主要针对季节 1，即作物生育期（5—9 月）展开研究。根据灌区水资源限制条件，综合考虑典型斗渠灌排单元土壤盐渍化现状及未来灌排发展等。分别对季节 1 不同的引水总量（现状、减少 5%、减少 10%、减少 15%、减少 20%）、灌溉定额（减少 20%、减少 10%、现状、增加 10%、增加 20%）、排水沟深度（减少 20%、减少 10%、现状、增加 15%、增加 20%）的情景进行分析，在保持 1 个变量的基础上，共设置 4 种方案预测不同灌排模式下耕地、荒地土壤水盐长期动态变化的影响，对比不同情景方案效果。本章节中设定不同灌排管理模式如下：

（1）现有灌排模式。根据 2018—2020 年实测数据，研究区季节 1 现状总引水量平均值为 144.9 万 m³，灌水定额平均值为 419mm，排水斗沟的平均深度为 1.5m。

（2）不同引水总量。在其他条件不变的情况下（如灌水定额、排水沟深度等保持不变），设置研究区季节 1 总引水量分别为 144.9 万 m³（现状）、137.7 万 m³（−5%）、130.4 万 m³（−10%）、123.2 万 m³（−15%）、115.9 万 m³（−20%），探究不同引水总量对区域耕地和荒地根区土壤水盐动态的影响。

（3）不同灌水定额。在其他条件不变的情况下，设置季节 1 灌溉水定额，设计灌溉水定额分别为 503mm（＋20％）、461mm（＋10％）、419mm（现状）、377mm（－10％）、335mm（－20％），由于荒地不进行灌溉，只分析不同灌水定额对耕地根区盐分的影响。

（4）不同排水沟深度。在其他条件不变的情况下，改变排水沟深度，设计排水沟深度分别为 1.2m（－20％）、1.35m（－10％）、1.5m（现状）、1.65m（＋10％）、1.8m（＋20％），分析不同排水沟深度对研究区耕地和荒地根区土壤盐分的影响。

## 9.4.2 现状灌排管理模式

基于率定和验证后的 SahysMod 模型，以 2021 年为预测起始时间，根据研究区灌溉排水条件、耕荒地分布等情况，随机选取编号为 12、36、69 的耕地网格与编号为 38、41、46 的荒地网格为例，预测研究区现状灌排管理模式下耕地、荒地未来 10 年根区土壤 $EC_e$ 值变化（图 9.5）。结果显示，现状灌排条件下，在预测初期，即 2021—2025 年，耕地根区土壤 $EC_e$ 值增长幅度为 13.38％，增长速率相对较小。2026—2030 年增长幅度达到 34.40％，增加趋势较为明显。分析原因是：研究区现有的灌排系统配套仍不完善，在

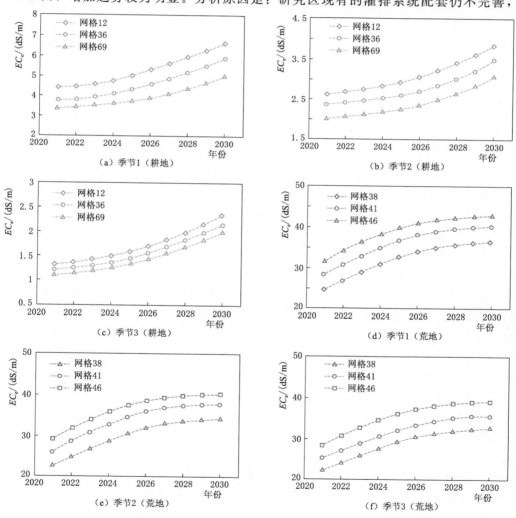

图 9.5 现状灌排管理下的耕地、荒地未来 10 年根区土壤 $EC_e$ 值变化

预测初期，干排盐发挥了重要作用，累积在研究区内的盐分大量储存到荒地中，耕地根区土壤 $EC_e$ 值相对较低且变化并不明显。而随着时间的推移，荒地盐分经过长期的积累，在达到容纳总量的上限后，干排盐效果减弱，排盐量开始下降，耕地盐分积累会明显增加，荒地盐分变化开始趋于稳定。

图 9.6 中 S1、S2 和 S3 分别代表季节 1（5—9 月）、季节 2（10—11 月）和季节 3（12 月至次年 4 月），未来 10 年季节 1（5—9 月）、季节 2（10—11 月）和季节 3（12 月至次年 4 月）的地下水埋深分别增加了 0.49m、0.42m、0.6m，增长幅度分别约为 32.67%、25.68% 和 30.30%。常年的引黄灌溉加之排水不畅，研究区地下水埋深逐渐变浅。

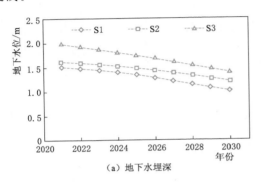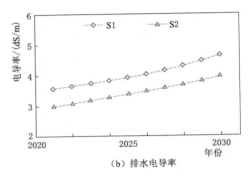

（a）地下水埋深　　　　　　　　（b）排水电导率

图 9.6　未来 10 年地下水埋深和排水电导率变化

研究区冻融期几乎无外来水分补充，因此认为在 S3 无排水，10 年内 S1、S2 排水沟排水矿化度分别增加了 1.06dS/m 和 0.96dS/m，增长幅度分别约为 29.94% 和 2.29%。在预测后期，排水斗沟排盐加之干排盐不足以控制耕地盐分，若要维持灌排单元长久健康运转，还需将耕地历史上累积的盐分也排出研究区，从模型预测结果来看，仅靠现有灌排模式不足以保证排出灌排单元内储存的盐分。

### 9.4.3　不同引水总量

随着河套灌区节水改造工程的持续推进，灌区引水总量会进一步被压缩。根据限制引水这一背景，将研究区生育期总引水量设置为分别减小 5%、10%、15% 和 20%。研究不同引水总量下未来 10 年研究区季节 1 耕地及荒地根区土壤 $EC_e$ 值动态变化情况（图 9.8）。结果表明，在同一时期，耕地根区土壤 $EC_e$ 值随着季节 1 引水总量的减少而增加。虽然随着引水总量的减少，灌溉引水中携带的盐分总量也减少，进入耕地的盐量同样随之减少，但是用于淋洗盐分的水量也相应减少。减少的灌溉水量携带进入的盐分总量要小于淋洗排出研究区的盐分总量。

比较 5 种引水量情景，现状引水条件下，2021—2025 年和 2026—2030 年的耕地根区土壤 $EC_e$ 值分别增加 0.51dS/m 和 1.49dS/m，增长速率分别为 13.38% 和 34.40%；荒地根区土壤 $EC_e$ 值分别增加约 8.24dS/m 和 3.44dS/m，增长速率分别为 29.46% 和 9.49%。耕地根区土壤 $EC_e$ 值增长速率最小，由于引水量最大，荒地根区土壤盐分的增长速率最大，综合考虑下，仍推荐维持现状引水量。

灌溉水入渗至地下水后，携带着盐分经由地下水系统排出，这是研究区重要的脱盐方

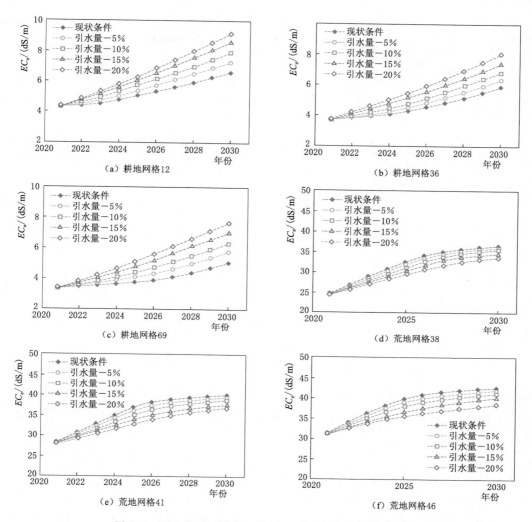

图 9.7　引水总量对季节 1 耕地、荒地土壤电导率的影响

式。在现状灌排条件下，减少引水总量对于研究区耕地脱盐的效果并不理想，维持必要的淋洗需水量对于保证耕层稳定脱盐具有重要意义。荒地根区土壤 $EC_e$ 值对引水量减少的响应并不敏感，但发挥着重要的干排盐作用，随着时间的推移，荒地盐分累积速率先是持续增大，到了预测后期累积速率变小，同一时间荒地盐分累积随引水量的减少而减少。

### 9.4.4　不同灌溉定额

　　从模拟不同引水总量对耕地和荒地根区土壤 $EC_e$ 值影响的结果来看，研究区需要保持必要的淋洗水量，应该深入探讨灌溉定额增加或减少对研究区根区土壤 $EC_e$ 值的影响。假设其他条件不变，在研究区随机选取网格编号为 12、36、69 的耕地，设置不同的灌溉定额，即分别增加 20%、10% 和减少 20%、10% 几种方案。由于只对耕地进行灌溉，因此只模拟和讨论不同灌溉定额对耕地根区土壤 $EC_e$ 值的影响。

　　在现状灌溉定额（419mm）下，2021—2025 年，耕地根区土壤 $EC_e$ 值增加了 0.51dS/m，

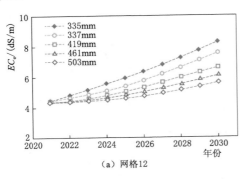

（a）网格12

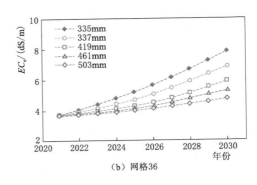

（b）网格36

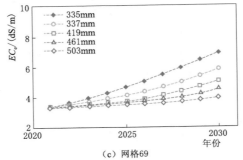

（c）网格69

图 9.8 灌溉定额对季节 1 耕地土壤 $EC_e$ 值的影响

增长幅度为 13.38%，增长速率相对小；2026—2030 年，根区土壤 $EC_e$ 值增加约 1.49dS/m，增幅约为 34.40%。研究区内作物以向日葵和玉米为主，参照童文杰等[176] 的研究成果，当向日葵和玉米根区土壤 $EC_e$ 值分别达到 5.718dS/m 和 3.934dS/m 时，作物生长进入了障碍水平，开始减产 10% 以上。从图 9.9 中可以看出，在预测初期，网格 12、36 和 69 的耕地根区土壤 $EC_e$ 值已达到或接近玉米产量的障碍水平，到了预测后期，耕地根区土壤 $EC_e$ 值积累到向日葵产量的障碍水平。

当灌溉定额从 419mm 分别减小到 377mm 和 335mm 时，2021—2025 年耕地根区土壤 $EC_e$ 值增加幅度会明显提升，分别为 24.23% 和 37.08%，耕地根区土壤 $EC_e$ 值会提前积累到障碍水平。为淋洗盐分，还需维持一定的灌溉定额，因此不推荐灌溉定额为 377mm 和 335m。现状灌溉定额分别增加到 461mm 和 503mm 后，2021—2025 年的根区土壤 $EC_e$ 值分别增长 0.36 dS/m 和 0.18 dS/m，相比现状灌溉定额，同比减少了 0.15dS/m 和 0.33dS/m，延迟了耕地根区土壤盐分累积到障碍水平的时间。预测初期的干排盐效果较好，耕地积盐情况并不明显，到预测后期，干排盐效果减弱，耕地根区土壤盐分累积速率增大。提高灌溉定额仍对土壤盐分淋洗、维持排水排盐效果起到重要作用，但综合淋洗效果以及节水背景，推荐以 419mm 作为灌溉定额。

### 9.4.5 不同排水沟深度

图 9.9 为不同排水沟深度设置条件下，未来 10 年季节 1 耕地和荒地根区土壤 $EC_e$ 值的动态变化。在排水沟深度增加至 1.8m 时，2021—2025 年和 2026—2030 年耕地根区土壤 $EC_e$ 值分别增加了 0.26dS/m 和 0.79dS/m，增幅分别为 6.92% 和 19.45%。当排水沟

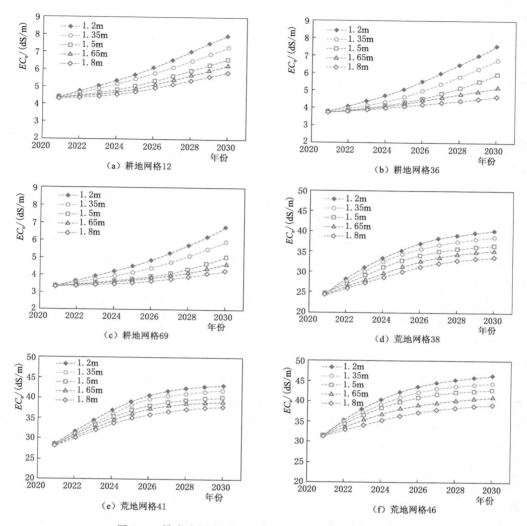

图 9.9　排水沟深度对季节 1 耕荒地土壤 $EC_e$ 值的影响

深度减小到 1.2m 时，2021—2025 年和 2026—2030 年耕地根区土壤 $EC_e$ 值分别增加 1.25dS/m 和 2.31dS/m，增长速率达到 32.89％和 45.59％。到预测后期，排水沟深度减小条件下的耕地根区土壤 $EC_e$ 值增加速度变快，而排水沟加深时，根区土壤 $EC_e$ 值增加幅度放缓。分析原因是：同一时期排水沟深度越深，排水排盐效果越好，较大的排水量稀释了排水矿化度。当排水沟深度增加到 1.8m 时，研究区的排水排盐效应最佳，未来 10 年内耕地土壤处在相对良好的耕作环境。

荒地根区土壤盐分累积受排水沟深度影响，具体表现为：当排水沟深度加深至 1.8m 时，2021—2025 年和 2026—2030 年荒地根区土壤 $EC_e$ 值的增长幅度为 20.26％和 8.67％。分析原因是：排水沟加深使得排水排盐效果变好，荒地根区积盐的速度变缓。而排水沟深度为 1.2m 时，荒地根区土壤 $EC_e$ 值的增幅分别为 38.47％和 11.25％，虽然前期干排盐效果增强，但会提前到达荒地容纳盐分总量的时间，不利于研究区的可持续发展。

　　距离排水沟较近的荒地对排水沟深度变化的响应较为敏感，例如网格编号为 38、46 的荒地，排水沟深度的改变会对根区盐分的累积量和累积速率产生较大影响，而网格编号为 41 的荒地距离排水沟相对较远，受排水沟深度影响不大。在设计和完善排水系统时，应结合研究区实际情况，综合考虑造价成本、维修维护等。综上所述，推荐以 1.8m 作为研究区的排水沟深度。

## 9.5　讨论

　　黄亚捷等[154] 以宁夏银北灌区为例，应用 SahysMod 模型，讨论了不同灌排模式下，未来一定时期内耕地土壤盐分的动态变化；Chang[90] 也验证了 SahysMod 模型能够预测河套灌区土壤盐分时空变化。以上研究均证实了 SahysMod 可以应用于西北干旱半干旱地区土壤盐分的模拟及预测。本章随机选取了典型的编号为 12、36、69 的耕地网格和编号为 38、41、46 的荒地网格，选择的网格可以很好地反映出耕地和荒地的土壤盐分的动态。耕地与荒地在研究区呈插花式分布格局，38 号、41 号和 46 号荒地网格分别位于研究区的中部、西北部和东南部，基本上可以代表整个荒地区域。从耕地与荒地的位置关系考虑，12、36、69 号耕地网格在研究区呈随机分布，选取的 36 号网格距离 38 号网格较近，69 号网格距离 46 号网格较近，而其余耕地网格和荒地网格相距较远，能反映荒地与耕地间的不同位置关系对灌排管理的影响。

　　灌溉水量在保证作物生长的前提下，还需要通过淋洗使盐分进入地下水中，通过排水系统排走研究区累积的盐分。当排水系统运行不畅时，干排盐能作为灌区控制盐分的有效替代方法。引水量会影响耕地的灌溉定额，灌溉定额直接影响土壤盐分的淋洗效果，同时间接影响地下水位。浅层地下水系统可能会引起土壤盐渍化等问题，但也为灌溉水的重新分配和利用提供了途径。Khouri[146] 指出浅埋深地下水位和强烈的蒸发能力是使干排盐发挥有效作用的前提条件，应正确看待浅埋深地下水系统为灌区盐渍化问题带来的积极和消极影响，适宜的灌水量既要保证盐分淋洗效果，又要防止地下水位过高。

　　明沟排水是河套灌区重要的排盐方式，相关研究表明，适当加深排水沟可以提高排水排盐的能力，并可以降低根层土壤盐分积累，保证作物生长。Chang[90] 认为河套灌区解放闸灌域排水沟大于 1.7m 后，耕地土壤盐分呈明显减小趋势，且排水沟越深，排出区域的盐分越多；陈艳梅等[86-87] 认为解放闸灌域沙壕渠灌域排水沟深度达到 3m 时，根层土壤盐分基本保持不变；翟中民等[162] 则推荐解放闸灌域排水沟深度为 1.5～2m。然而过于加深排水沟会削弱干排盐作用。在设计排水沟深度时，应综合考虑研究区耕地和荒地土壤条件及盐分累积情况，排水沟加深会导致更高的工程成本和更低的土地利用率，参考以往研究并结合研究区实际情况，为实现土壤盐分降低的目标及经济效益最大化，推荐研究区排水沟深度为 1.8m。

## 9.6　本章小结

　　本章基于率定和验证后的 SahysMod 模型，模拟预测了河套灌区典型斗渠灌排单元未来 10 年不同灌排管理模式下（不同引水总量、不同灌溉定额、不同排水沟深度）耕地、荒地土壤 $EC_e$ 值的动态变化，主要结论如下：

（1）研究区的 Flr、Flx、Flq 和 Kaq 分别为 0.85m/d、0.8m/d、1.0m/d 和 8m/d。Flr 对土壤盐分变化较为敏感，而对地下水埋深影响较小；Flx 和 Flq 对地下水敏感性不高，Kaq 对地下水埋深变化的敏感性更高。耕地和荒地根区土壤 $EC_e$ 值的实测值与模拟值结果吻合良好，SahysMod 模型能够较好地反映研究区耕地、荒地根区土壤盐分的变化规律。

（2）现状灌排管理模式下，在预测初期（2021—2025 年），耕地根区土壤 $EC_e$ 值的增长幅度为 13.38%，增长较为缓慢。2026—2030 年增长幅度为 34.40%，增加趋势变得明显。未来 10 年季节 1（5—9 月）、季节 2（10—11 月）和季节 3（12 月至次年 4 月）的地下水埋深分别增加了 0.49m、0.42m、0.6m。未来 10 年内季节 1（5—9 月）和季节 2（10—11 月）排水沟排水矿化度分别增加了 1.06dS/m 和 0.96dS/m。

（3）同一时期耕地根区土壤 $EC_e$ 值随着引水总量的减少而增加，减少引水总量情景下，研究区脱盐效果不明显，维持必要的淋洗需水量对于保证耕层稳定脱盐具有重要意义。相较于耕地，引水总量的调整对荒地根区 $EC_e$ 值的影响较小，但耕地和荒地根区土壤 $EC_e$ 值都呈增长的趋势。推荐研究区维持现状生育期总引水量。

（4）当灌溉定额减小时，根区土壤 $EC_e$ 值增加幅度会明显提升，进入耕地根区土壤盐分积累到障碍水平的时间会提前。提高灌溉定额是治理土壤盐渍化的重要措施，可以延迟耕地根区土壤盐分积累到障碍水平的时间，对于土壤盐分淋洗、维持排水排盐效果也起到重要作用。但是需要同时兼顾河套灌区的水资源约束问题。推荐维持现状 419mm 的灌溉定额。

（5）排水沟深度影响耕地土壤盐分水平，通过土地整治加深排水沟深度，可增强排水排盐的能力，有效减少根区盐分的累积，保证作物生长。综合考虑土壤盐分降低和经济效益因素，推荐研究区排水沟深度由现状的 1.5m 增加至 1.8m。

# 第 10 章　基于 SahysMod 模型的典型斗渠灌排单元干排盐系统优化配置研究

在水盐约束和建设生态灌区的大背景下，为确保灌区的可持续发展，土壤盐渍化的防治方法必须是有效且可持续的。传统的灌水淋盐不足以排出灌区内部累积的盐分，应将研究重点转向提升灌排管理，前几章对典型斗渠灌排单元的灌排方案进行了优化。在此基础上利用土地整治整合灌区内部耕地与排盐荒地的各项配置，继续优化干排盐系统，是使区域内部累积盐分合理分布的经济、环保的途径。

河套灌区土地利用破碎、整合度较差，在水土资源空间整合上缺乏科学的理论支撑与指导。目前存在的主要问题是，为增加耕地面积与粮食增量，盲目地将大量低洼地进行简单平整，改造成为耕地，未能充分考虑水土资源条件，灌排系统也没有及时跟进配套，从而导致灌排不配套与水盐不耦合。而这部分整治过的土地，土壤盐渍化程度相对较高，作物产量较低，经济效益较差，同时对干排盐系统产生了负面作用，加重了耕地土壤盐渍化状况。第 6 章已经对这部分地类发挥的干排盐作用进行了初步的定量分析讨论。

在河套灌区，对耕地和荒地进行科学的空间优化配置，对于节水控盐、耕地增产、荒地排盐、保障土地可持续利用具有重要意义。因此本章基于 SahysMod 模型，设置不同耕地和荒地面积比、耕地和荒地间高度差、耕地和荒地位置空间分布的情景，模拟分析不同情景下耕地和荒地根区土壤 $EC_e$ 值动态变化，旨在优化水土资源空间配置参数，提出经济可行的干排盐系统优化方案，为区域水土资源整合提供科学依据。

## 10.1　干排盐系统情景方案设置

### 10.1.1　耕地、荒地空间配置方案

采用 SahysMod 模型进行耕地与排盐荒地的合理优化配置。研究区内共有耕地网格 69 个，荒地网格 8 个，耕地和荒地网格比为 8.63：耕荒比与耕地和荒地网格比不同的原因是，在进行模型参数设置时，模型默认每个网格都是一个均质单元，研究区土地利用类型复杂，一个网格内可能同时存在不同的土地利用类型，如果耕地面积大于荒地面积，则认为该网格内的土地利用类型为耕地，反之亦然。综合考虑后设置不同耕地、荒地空间配置方案如下：

（1）现状耕地和荒地空间配置。研究区 2020 年的耕地和荒地面积分别为 287.41hm² 和 19.95hm²，耕地和荒地面积比为 14.41：1；耕地和荒地间的平均高度差为 20cm；荒地主要分布于研究区北部低洼处以及南部，呈插花式分布。

（2）不同的耕荒比。基于土壤盐分、作物长势及产量、耕地和荒地位置分布的原则，

在其余参数均不变的条件下，设置耕荒比的值分别为 12.97：1（−10％）、13.69：1（−5％）、15.13：1（＋5％）和 15.85：1（＋10％），并与现状耕荒比（14.41：1）进行对比，分析不同耕荒比对耕地和荒地根区土壤盐分的影响。

（3）不同的耕地和荒地间的高度差。基于野外实地测量，研究区内耕地与荒地间的平均高度差为 20cm。为定量研究耕地和荒地间高度差对干排盐效果的影响，假设其他条件均不变，通过土地整治工程改变耕地、荒地间高度差，设计高度差分别为 0、10cm、30cm 和 40cm，同时与现状高度差进行对比。

（4）不同的排盐荒地空间分布。研究区耕地和荒地现状位置分布如图 10.1 所示，从图中可以看出，荒地在研究区里呈插花式分布，但在研究区北部相对集中。为探明排盐荒地位置对干排盐效果的影响，根据荒地的现状位置分布，将荒地布置在研究区耕地的周围，共设置 8 种荒地分布位置，分别为北部［图 10.2（a）～（d）］、西南部［图 10.2（e）～（f）］、东南部［图 10.2（g）～（h）］，详细的耕地和荒地空间分布如图 10.2 所示。在其他参数均不变的情况下，与研究区现状荒地分布情景进行对比。

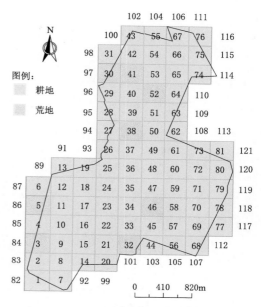

图 10.1 研究区耕地和荒地现状位置分布

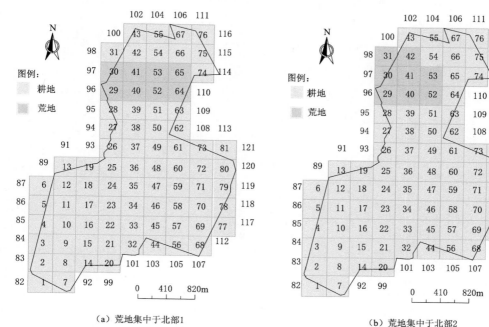

（a）荒地集中于北部1　　　　　　　　（b）荒地集中于北部2

图 10.2（一）　研究区耕地和荒地空间分布

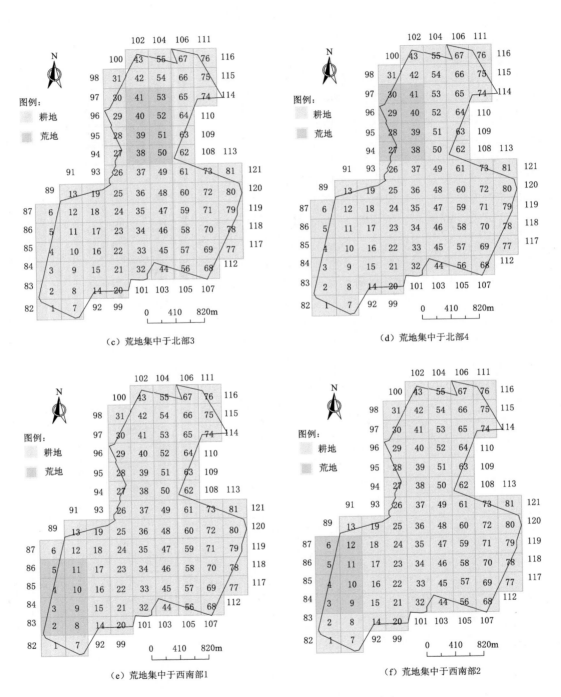

（c）荒地集中于北部3　　　　　　　　　　　（d）荒地集中于北部4

（e）荒地集中于西南部1　　　　　　　　　　（f）荒地集中于西南部2

图 10.2（二）　研究区耕地和荒地空间分布

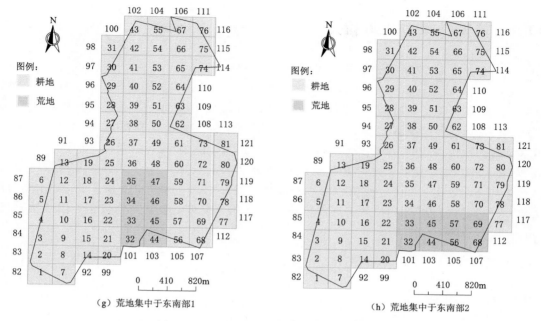

（g）荒地集中于东南部1        （h）荒地集中于东南部2

图 10.2（三）　研究区耕地和荒地空间分布

## 10.1.2　评价指标

为评判 SahysMod 模型模拟的耕地和荒地空间分布结果，选取土壤盐分，土壤积、脱盐率，土壤盐渍化差异程度作为评价指标，公式分别为

$$EC = \frac{1}{n}\sum_{i=1}^{n} EC_n \tag{10.1}$$

$$N = \frac{S_t - S_0}{S_0} \tag{10.2}$$

$$W = \frac{S_a - S_b}{S_b} \tag{10.3}$$

式中：$EC$ 为研究区内某一土地利用类型条件下的土壤电导率值，dS/m；$n$ 为 SahysMod 模型中设置的耕地、荒地的网格总数，耕地 $n$ 值为 69，荒地 $n$ 值为 8；$EC_n$ 为第 $n$ 个网格在预测中某一年份的土壤电导率；$N$ 为土壤积、脱盐率（若 $N>0$，则说明土壤为积盐状态；若 $N<0$，则说明土壤为脱盐状态），%；$S_0$ 为基准年的土壤电导率，dS/m；$S_t$ 为在某一年份的土壤电导率，dS/m；$S_a$ 为经过耕地和荒地空间优化配置时，研究区内某一土地利用类型在预测中某一年份的土壤电导率，dS/m；$S_b$ 为基准土壤电导率，dS/m；$W$ 为耕地和荒地空间优化配置效果（$W<0$ 时表示经过耕地和荒地空间分布优化的土壤盐分降低，$W$ 的绝对值越大，优化配置后耕地土壤盐分降低越多，优化效果越好；$W>0$ 时表示经过排盐空间优化配置的土壤相比并没有减少盐分含量，排盐荒地的空间优化效果不佳）。

## 10.2　模拟结果分析评价

### 10.2.1　耕地、荒地面积比例的情景模拟

如图 10.3 所示,研究区现状耕荒比为 14.41∶1,在耕地和荒地高度差、耕地和荒地位置分布等条件不变的前提下,随着时间的推移,耕荒比增大,耕地根区土壤 $EC_e$ 值逐渐增加,荒地根区土壤 $EC_e$ 值逐渐减小,反之亦然。当耕荒比降低到 12.97∶1 时,即研究区荒地面积由现状的 19.95hm$^2$ 增加到 22.01hm$^2$,相较于现状耕荒比,2021—2025 年和 2026—2030 年耕地根区土壤 $EC_e$ 值的增幅分别减小 8.91% 和 5.53%,荒地根区土壤 $EC_e$ 值的增幅增加 13.69% 和 9.17%,干排盐效果增加。荒地面积增加了 2.06 hm$^2$,仅占研究区总面积的 0.62%,所需土地整治工程量相对较小,可实施性较强。因此推荐优化后的耕荒比为 12.97∶1。

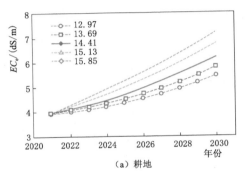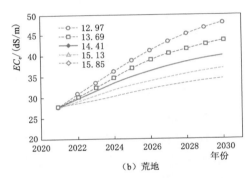

图 10.3　不同耕荒比条件下未来 10 年耕地、荒地根区土壤 $EC_e$ 值变化

耕地和荒地积盐程度不同的原因是,荒地面积的变化会使荒地容纳盐分总量发生变化。当荒地面积减小时,荒地容纳盐分总量也会减小,到达荒地容纳总量盐分的时间会提前;干排盐系统存在着有效的作用范围,随着耕荒比的降低,干排盐效应不会无限地增加,也就是说,当耕荒比达到一定临界值时,部分荒地处于有效范围之外,便不能充分发挥干排盐作用。在河套灌区水土资源整合过程中,保留适当的排盐荒地,可实现区域整体累积的盐分由耕地向荒地迁移,能较好地减轻耕地土壤积盐状况,更利于作物生长。

### 10.2.2　耕地、荒地间高度差的情景模拟

在其他条件不变的情况下,不同耕地和荒地间高度差条件下未来 10 年耕地和荒地根区土壤 $EC_e$ 值变化如图 10.4 所示。结果表明,当耕地和荒地间高度差由现状的 20cm 分别增加到 30cm 和 40cm 时,到 2030 年,耕地根区土壤 $EC_e$ 值分别减小 5.03% 和 10.23%,荒地根区土壤 $EC_e$ 值分别增加 7.05% 和 12%。当耕地和荒地间高度差减小到 10cm 时,相较现状条件,到 2030 年,耕地根区土壤 $EC_e$ 值增长了 7.14%,荒地根区土壤 $EC_e$ 值减小 4.43%。当高度差为 0cm 时,耕地根区土壤 $EC_e$ 值增长幅度较为明显,达到 17.21%,荒地根区土壤 $EC_e$ 值减小 10.08%。

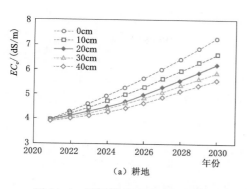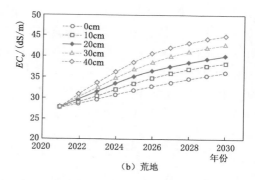

图 10.4　不同耕地和荒地间高度差条件下未来 10 年耕地和荒地根区土壤 $EC_e$ 值变化

耕地和荒地间的高度差在一定程度上会影响干排盐系统中水盐从耕地向荒地迁移的能力，研究区荒地面积相对较小，相比耕地，耕地和荒地间高度差的改变对于荒地影响更大，表现为荒地根区盐分变化速率要明显高于耕地根区土壤盐分变化速率。综合考虑研究区耕地和荒地积盐效果、土地整治的经济成本等，推荐以 40cm 作为耕地和荒地间的高度差。

### 10.2.3　耕地、荒地位置分布的情景模拟

为探寻较优的耕地和荒地空间分布，分别讨论不同荒地位置分布条件下耕地、荒地根区土壤 $EC_e$ 值动态。不同耕地和荒地分布条件下未来 10 年耕地、荒地根区土壤 $EC_e$ 值变化如图 10.5 所示，研究区未来 10 年耕地土壤盐渍化差异程度如图 10.6 所示。研究表明，

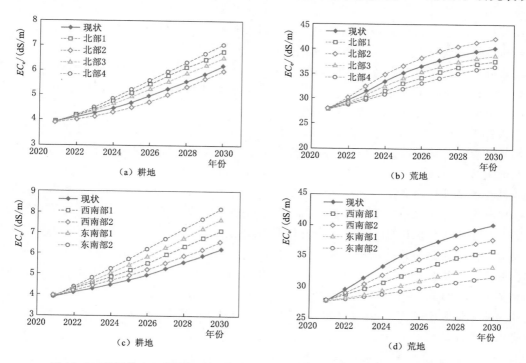

图 10.5　不同耕地和荒地分布条件下未来 10 年耕地、荒地根区土壤 $EC_e$ 值变化

以荒地现状分布为基准，当荒地分布在西南部 1、西南部 2 和东南部 1、东南部 2 时，到 2030 年，耕地根区土壤 $EC_e$ 值分别增加 14.94％、5.84％ 和 24.03％、32.47％，荒地分布在东南部的土壤盐渍化差异程度的绝对值较大且未来 10 年土壤盐渍化最为严重，干排盐效果较差。现状分布条件下，耕地根区土壤 $EC_e$ 值更小，荒地储盐效果更佳，更有利于缓解耕地土壤盐渍化，维持灌排单元的可持续发展。因此在土地整治过程中不推荐荒地分布在研究区西南部和东南部的方案。

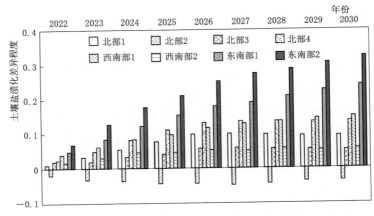

图 10.6　研究区未来 10 年耕地土壤盐渍化差异程度

当荒地集中分布于研究区北部时，除了北部 4 方案外，在模拟预测的未来 10 年内，和现状分布相比，北部 1、北部 2、北部 3 的耕地根区土壤 $EC_e$ 值的变化量分别为 9.25％、−3.57％ 和 5.19％，范围相差不大且变化趋势大致相同。荒地集中分布在北部 2 时，耕地根区土壤 $EC_e$ 值变化量及土壤盐渍化差异程度均为负，说明对于降低耕地根区土壤盐分，该方案的效果优于其他 3 种方案。总体而言，荒地与耕地根区土壤 $EC_e$ 值变化呈负相关关系，干排盐作用在一定程度上影响耕地和荒地的根区土壤 $EC_e$ 值变化，其变化幅度的不同则说明干排盐存在有效距离和范围。

相较于其他方案，荒地插花式分布和在北部集中式分布时更为合理，最利于减缓耕地土壤盐渍化。分析原因是，荒地插花式分布保证了干排盐在有效距离内发挥作用，研究区西北部地势相对较低，将荒地集中布设于研究区北部更有利于干排盐效应的发挥，进一步说明低洼的荒地更有利于发挥聚盐效应。在实际的土地整治过程中，首先不考虑将荒地集中于研究区西南部和东南部的布设方案，对于荒地现状分布和集中于研究区北部布置的方案需要进一步进行讨论，不仅要考虑耕地和荒地的土壤盐渍化程度，也要考虑工程施工成本及对于灌排设施布置的不利影响。例如根据荒地北部 2 的分布情况，弃耕部分土壤盐渍化程度高、作物长势较差、地势较为低洼的耕地，将其优化为排盐荒地。虽然对研究区耕地和荒地位置分布进行了优化，但到了 2030 年，模拟预测的耕地土壤盐渍化依然严重，表现为耕地根区土壤 $EC_e$ 值范围为 5.94～8.16 dS/m，均达到了研究区主要作物生长的障碍水平并开始减产。

### 10.2.4　耕地、荒地空间配置优化研究

整合研究区水土资源时，需要考虑研究区内荒地的排盐作用、耕地的土地利用系数、

经济效益及工程量的大小，确定耕地和荒地的面积比和高度差。研究区优化后的荒地分布应根据图 10.2 中荒地集中于北部 2 的方案进行布设，研究区耕地和荒地空间优化配置参数见表 10.1。

表 10.1　　　　　　　　　　　研究区耕地和荒地空间优化配置参数

| 配置参数 | 耕地面积/hm² | 荒地面积/hm² | 耕荒比 | 耕荒地高度差/cm |
|---|---|---|---|---|
| 现状 | 287.48 | 19.95 | 14.41:1 | 20 |
| 优化后 | 285.42 | 22.01 | 12.97:1 | 40 |

　　根据优化的空间配置参数优化耕地和荒地空间分布，同时要尽量保证荒地分布在干排盐有效范围内，考虑插花式分布对灌排管理的不利影响。因此根据现状荒地分布，建议维持研究区南部插花式分布现状，同时在研究区北部增加荒地网格。将土壤盐渍化程度相对较高、编号为 40 和 42 的耕地网格调整为荒地网格，耕荒比由现状的 14.41:1 降低到 12.97:1，优化后的耕地和荒地空间分布如图 10.7 所示。

　　研究区未来 10 年现状及空间配置优化后的耕地和荒地根区土壤 $EC_e$ 值变化如图 10.8 所示。在现状条件下，耕地根区土壤 $EC_e$ 值在预测后期（2026—2030 年）增长速率明显高于预测初期（2021—2025 年），到 2030 年根区土壤 $EC_e$ 值为 6.16dS/m，达到了向日葵的生长障碍水平，出现明显的减产现象。

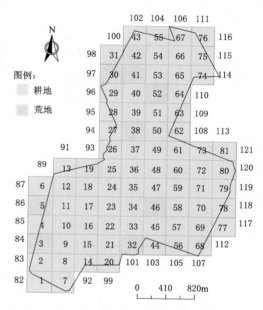

图 10.7　研究区优化后的耕地和荒地空间分布

优化耕地和荒地配置后，预测初期耕地土壤 $EC_e$ 值的增长速率明显放缓，具体表现为由

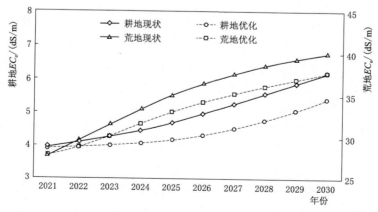

图 10.8　研究区未来 10 年现状及空间配置优化后的耕地和荒地根区土壤 $EC_e$ 值变化

现状的 19.08％减少到 5.60％，而后期的增长速率分别为 25.2％和 24.88％，相差并不大。到 2030 年根区土壤 $EC_e$ 值为 5.37 dS/m，说明在优化后的耕地和荒地配置下，耕地可以满足研究区主要作物，即向日葵的正常生长需求。

相较于现状条件，优化后的荒地面积增加了 2.06hm²，位置分布也更为合理。从图 10.9 中可以看出，现状及优化后的荒地根区土壤盐分的变化幅度基本相同，但增长速率由 44.09％减小到 35.81％，保证了干排盐系统的合理性和可持续性。经过优化后的耕地、荒地的土壤盐分差异程度均为负，且耕地和荒地土壤盐分差异程度的绝对值都呈现先逐年增加后缓慢减小的趋势。与现状耕地相比，经过优化配置后的研究区土壤盐分降低，优化取得了较好的效果。

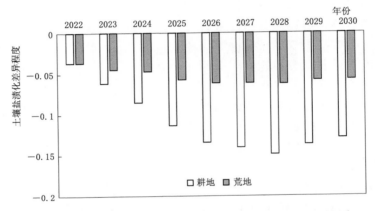

图 10.9　研究区优化后的耕地和荒地根区土壤盐渍化差异程度

研究区 2020 年根区土壤 $EC_e$ 值空间分布如图 10.10（a）所示，从空间上，研究区西北部土壤盐渍化程度较高，南部盐渍化程度相对较低，荒地及其周围土壤盐渍化程度相对较高。图 10.10（b）、（c）分别为现状及优化后耕地和荒地空间配置条件下 2030 年根区土壤 $EC_e$ 值空间分布，与 2020 年根区土壤 $EC_e$ 值的空间分布大致相同，同样为西北部盐渍化程度较高，东南部盐渍化程度较低。这是研究区地势和荒地位置分布导致的。

对耕地和荒地空间配置进行优化后，到 2030 年，研究区土壤盐渍化差异程度明显降低。合理增加研究区北部荒地面积并合理布设，使北部荒地周边土壤盐渍化程度较高的盐渍化耕地成为盐分的汇库，提高了耕地和荒地间水盐迁移能力和荒地容纳盐分的总量。这对于减轻北部土壤盐渍化，保证耕地的可持续利用起到了积极的作用。南部区域盐分呈增长的趋势，而土壤盐渍化差异程度的降低说明荒地插花式分布虽然会造成土地利用较为破碎，但有效控制了耕地土壤盐分。

无论是在现状还是优化后的耕荒地空间配置条件下，耕地和荒地根区土壤均呈现盐分积累的现象。经过优化后，将 2030 年与 2020 年进行对比，大部分耕地及荒地土壤仍会出现积盐现象，说明即使对研究区内部水土资源进行整合，减小耕荒比以及更加合理地布设荒地位置，但随着时间的推移，依然会出现积盐现象。因此还需要完善明沟排水系统，加强其他盐渍化改良措施，以保证研究区农业及生态的可持续发展。

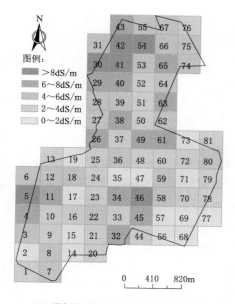
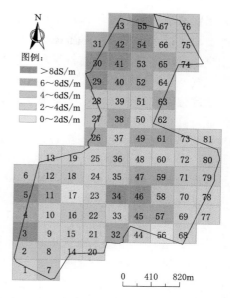

（a）研究区2020年根区土壤$EC_e$值空间分布　　　　（b）现状耕地和荒地空间分布条件下2030年根区土壤$EC_e$值空间分布

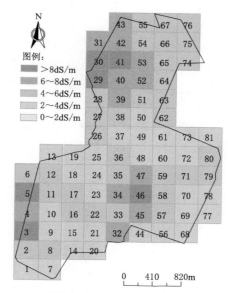

（c）耕地和荒地空间分布优化后2030年根区土壤$EC_e$值

图 10.10　不同耕荒地空间配置下根区土壤 $EC_e$ 值

## 10.3　讨论

河套灌区节水改造工程的推行使得灌区引排水量显著减少，大量盐分滞留在灌区内部，通过浅埋深地下水系统进行再分配。在节水优先的前提下，利用土地整合工程优化耕荒地配置，提高干排盐能力是解决河套灌区土壤盐渍化的重要途径，该方法既能应对目前农业水资源紧缺的局面，也较为经济环保，可行性高。通过土地整治进行水土资源整合，需要以水定地、以水定产，统筹考虑优化土地利用分类，把水资源作为最大的刚性约束，通过优化耕荒比、高度差、荒地位置分布等参数，取得干排盐最佳效益，从而达到多方面效益的协调统一。

河套灌区内存在部分土壤盐渍化较为严重、地势较为低洼、作物产量较低、经济效益较差的耕地，随着时间的推移，部分农户也会逐渐选择弃耕此类耕地，会自然发展成为排盐荒地。将这类耕地重新划分为排盐荒地，是调整耕荒比、高度差和位置分布等的一种节省工程费用、较为经济环保的方式。该方法可使区域内部发挥较好的干排盐效果，但仍需修建并完善明沟排水系统并保证其稳健运行，原因是，明沟排水系统稳健运行能保障耕地向荒地的水盐迁移，把地下水埋深控制在安全范围内。荒地的容盐量有上限，明沟排水能将研究区历史上累积的盐分排出区域。

在相近地区进行干排盐系统优化，即优化耕地与荒地空间配置时，应综合考虑工程施工量、耕地和荒地的现状分布条件等，本章的研究结果表明，紧挨荒地的盐碱耕地的地势相对较低，此类盐碱耕地应是土地整治过程中关注的重点，将其作为排盐荒地对整个研究区的耕地脱盐、荒地储盐具有积极意义。对这部分低洼盐碱耕地进行重点土地整治，既可以节省工程费用，实际生产中可操作性较强，同时保证了在发生灌水事件后耕地和荒地间的水力梯度，更有利于荒地的蒸发。

在水土资源整合过程中，耕地和荒地空间配置受土壤初始盐分、区域腾发量、土壤质地等不同因素的影响。未来关注的重点应放在维持灌区内部荒地的可持续性研究上，目前研究大多在综合优化耕地和荒地配置、加大荒地积盐量及提高其使用时效性上。灌溉耕地的排出水量、荒地排水排盐能力、水分（盐分）从耕地到荒地的输送能力会影响荒地容纳盐分的总量，在达到上限后，干排盐效果减弱，区域内部耕地积盐会加重。在进行区域水土资源整合后，仍需在明沟排水系统稳健运行的情况下辅以其他改良手段，以解决河套灌区土壤盐渍化问题。

## 10.4　本章小结

本章针对河套灌区内部耕地和排盐荒地配置不合理的问题，从水土资源整合角度，利用 SahysMod 模型模拟未来一定时期内不同耕荒比、高度差、位置分布等情景下的耕地、荒地根区土壤盐分动态变化，以期通过合理配置耕地与排盐荒地寻求解决区域盐渍化和保证耕地可持续利用的经济、环保途径，同时为水资源约束背景下的区域水土资源整合提供科学理论依据。主要结论如下：

（1）为增强水盐从耕地向荒地迁移的能力，使区域内部累积盐分合理分配，运用 SahysMod 模型进行多情景模拟，以优化干排盐系统参数，研究表明，推荐将研究区耕荒比由 14.41∶1 降低到 12.97∶1；耕地和荒地间平均高度差由现状的 20cm 增加到 40cm；在耕地和荒地位置分布上，建议研究区荒地维持现状分布或在研究区北部集中式分布。

（2）优化后的荒地面积增加约 2.06hm²，增加的荒地分布在研究区北部。虽然现状及优化后的荒地根区土壤 $EC_e$ 值的变化幅度基本相同，但增长速率由 44.09％ 减小到

35.81%。经过优化后的耕地、荒地的土壤盐分差异程度均为负，且耕地和荒地土壤盐分差异程度的绝对值都呈现先逐年增加后缓慢减小的趋势。但与现状条件相比，经过优化配置后的研究区土壤盐分降低，优化取得了较好的效果。

（3）耕地和荒地配置优化后，2021—2025 年耕地土壤 $EC_e$ 值增长速率明显放缓，具体表现为增长速率由现状的 19.08% 减少到 5.60%，而 2026—2030 年的增长速率分别为 25.2% 和 24.88%，相差不大。到预测末期，根区土壤 $EC_e$ 值为 5.37dS/m，可以满足研究区主要作物，即向日葵的正常生长需求。

（4）合理增加研究区北部荒地面积并合理布设，可保证干排盐的有效距离，提高区域干排盐能力和荒地容纳盐分的总量，对于减轻北部耕地土壤盐渍化具有重要意义。荒地插花式分布虽然会造成研究区南部土地利用较为破碎，但能有效控制耕地土壤盐分，显著降低土壤盐渍化差异程度。优化后耕地和荒地空间配置能有效延缓根区土壤盐分进入作物生长障碍水平的时间，但随着时间的推移，仍会出现耕地、荒地根区土壤积盐的现象。

# 第11章 结论与展望

## 11.1 主要结论

本书以节水改造新形势下的河套灌区为背景，选取河套灌区解放闸灌域沙壕分干渠的一个斗渠尺度的灌排单元为研究对象，基于详尽的资料收集和野外试验监测，结合土壤水均衡模型、指示 Kriging 法、总体水均衡模型对河套灌区典型斗渠灌排单元的农业水文过程进行了系统分析；针对节水改造后灌区排水量减少导致的盐分内部累积的问题，运用 SahysMod 模型对典型斗渠灌排单元干排盐系统配置进行了定量研究，提出并优化了耕地和荒地空间配置方案，旨在从水土资源整合的角度为河套灌区内部盐分累积问题寻求新的解决方案。主要结论如下：

（1）典型斗渠灌排单元 2019 年和 2020 年生育期内土壤储水量变动范围分别为 358.44～420.4mm 和 358.9～422mm，灌溉和降水补给土壤水为 544.56mm 和 541.85mm，土壤水补给地下水量为 207.73mm 和 236.94mm。土壤水和地下水在灌溉降水补充和腾发作用下存在明显的动态响应关系。生育期内土壤水和地下水双向交换频繁。灌水期间，土壤水对地下水进行单向补给。当灌溉期结束后，强烈的腾发作用大量消耗土壤水时，地下水可以利用毛管上升作用对土壤进行补给。

（2）典型斗渠灌排单元生育期内 0～40cm、0～100cm 深度土层土壤盐分均呈中等变异特征；指示变异函数均为高斯模型，$C_0/(C_0+C)$ 的值为 0.405～0.688，均呈中等强度空间相关性。阈值为 2g/kg 时 0～40cm 和 0～100cm 深度土层土壤盐分主要分布概率区间为 0.8～1.0，预测概率均值范围分别为 0.680～0.774 和 0.450～0.729。阈值为 3g/kg 时 0～40cm 和 0～100cm 深度土层土壤盐分的主要分布概率区间分别为 0.8～1.0 和 0.4～0.6、0.8～1.0，预测概率均值范围为 0.493～0.796 和 0.291～0.638。随着盐分阈值的增加，土壤盐分预测概率均值及主要概率分布区间面积均呈减小的趋势。轻度及中度盐渍化土壤盐分空间分布上存在相似性，中度盐渍化高概率分布区包含在轻度盐渍化的高概率分布范围内，轻度盐渍化低概率分布区包含在中度盐渍化的低概率分布范围内。盐渍化高风险区主要集中在研究区北部，低风险区主要在研究区南部。

（3）对典型斗渠灌排单元建立总体水均衡并加以验证，分析灌溉水耗散途径及盐分重分布规律。研究表明，研究区 2019 年生育期各级渠系的输水损失量占总引水量的 18%，灌入田间的水量占总引水量的 77.2%，总引水量的 4.8% 通过排水沟直接排出了研究区，地下水排水量占总引水量的 5%。通过地下水，不同土地类型间的横向交换发生了重分布，最终农田消耗了总引水量的 84.2%，并累积了总引入盐量的 14.2%，荒地消耗了总引水量的 6% 却容纳了 44.2% 的盐分，起到了极为重要的干排盐效果。

（4）在土地利用类型中，将紧邻荒地、盐渍化程度较为严重、作物产量低、经济效益较差的盐碱耕地调整为排盐荒地，2019年荒地面积从18.02hm²增加到19.95hm²，增加了1.93hm²。从耕地迁移到荒地的水分由9.52万m³增加到11.29万m³，增加了18.59%。干排盐量从36.75t增加到43.57t，增加了18.56%，耕地积盐量从11.29t减少到4.99t，减少了55.8%。2019年和2020年生育期引排盐量分别为83.17t、34.61t和71.12t、25.93t，滞留在区域内部的盐量分别为48.56t和45.19t。通过地下水，从耕地迁移到荒地并累积的盐分分别为43.57t和38.05t，分别占总引入盐量的52.39%和53.50%；耕地累积盐量分别为4.99t和7.14t，分别占总引入盐量的6.00%和10.04%。干排盐系统对研究区内部储存的盐分的重分布起到重要作用，但其有效性及可持续性值得进一步讨论。

（5）SahysMod模型能够较好地反映研究区耕地、荒地根区土壤盐分的变化规律。现状灌排管理模式下，2021—2025年耕地根层土壤$EC_e$值增幅为13.38%，2026—2030年增幅为34.40%。未来10年季节1、季节2和季节3的地下水埋深分别增加了0.49m、0.42m、0.6m，季节1、季节2排水沟排水矿化度分别增加了1.06dS/m和0.96dS/m。

对比不同情景方案，在现状引水总量和灌溉定额下，耕地根区土壤$EC_e$值增长较为缓慢，荒地容纳盐分的效果较好。将排水沟深度增加至1.8m时，2021—2025年和2026—2030年耕地根区土壤$EC_e$值增幅分别为6.92%和19.45%。荒地根区土壤$EC_e$值的增幅为20.26%和8.67%。综合考虑后，推荐典型斗渠灌排单元维持现状生育期总引水量、现状灌溉定额，排水斗沟深度从现状1.5m增加到1.8m。

（6）利用SahysMod模型模拟典型斗渠灌排单元未来10年不同耕荒比、高度差、位置分布下耕荒地根区土壤$EC_e$值动态变化，结果表明，推荐将研究区耕荒比由14.41：1降低到12.97：1，将荒地面积从现状的19.95hm²增加到22.01hm²，耕地和荒地间平均高度差由现状的20cm增加到40cm。优化耕地和荒地空间布设后，到2030年耕地根区土壤$EC_e$值的范围在5.94～8.16dS/m，达到了主要作物生长的障碍水平，建议维持研究区南部荒地插花式分布和在北部集中式分布。

干排盐系统配置优化后，2021—2025年和2026—2030年耕地土壤$EC_e$值的增长速率分别减少13.48%和0.32%。到预测末期，优化后的耕地根区土壤$EC_e$值约为5.37dS/m，可满足向日葵的正常生长需求。优化后的荒地，位置分布更加合理。现状及优化后的荒地根区土壤盐分的变化幅度基本相同，但增长速率由44.09%减小到35.81%。干排盐系统优化后，能有效延缓根区土壤盐分进入作物生长障碍水平的时间，但随着时间的推移，仍会出现耕地、荒地根区土壤积盐现象，仍需完善明沟排水设施，以保证干排盐系统的运行及排出历史上积累的盐分。

## 11.2　主要创新点

本书的主要创新点如下：

（1）重新定义并量化了区域内部紧邻荒地、经济效益较差且实际发挥干排盐作用的盐碱耕地的土地利用类型和面积，定量分析了该类盐碱耕地的干排盐作用。

（2）采用 SahysMod 模型，模拟分析了不同耕地和荒地空间配置条件下耕地和荒地土壤盐分动态变化趋势，合理优化了干排盐系统，为河套灌区内部累积盐分的合理分配提供了技术支撑。

## 11.3　不足与展望

（1）本书侧重对斗渠尺度生育期的灌溉水耗散路径以及盐分归趋进行研究，缺乏对非生育期的研究，未来应加强在全年不同尺度条件下的水盐重分布、水均衡参数及变量的时空变异特性等的研究。

（2）SahysMod 模型须在较大尺度上考虑区域土壤属性空间变异性。本书虽然选择了土壤属性较为均一的斗渠尺度灌排单元，但为提高计算精度，需要保证研究区的网格单元划分数量，因此所需监测数据量较大，加大了取样工作量。网格单元较多使得在模型率定和验证过程中无法对其逐一进行验证，只能随机选择并进行验证。

（3）在进行耕地和荒地配置优化研究时，SahysMod 模型中的部分参数可能发生改变，使用原始参数进行土壤水盐动态模拟预测，结果可能出现一定的偏差。根据研究结果，完成典型斗渠灌排单元水土资源整合并重新运行模型，对前期结果进行验证。

# 参 考 文 献

［1］ 姜文来. 中国 21 世纪水资源安全对策研究［J］. 水科学进展, 2001 (1)：66 - 71.

［2］ 史海滨, 杨树青, 李瑞平, 等. 蒙古河套灌区节水灌溉与水肥高效利用研究展望［J］. 灌溉排水学报, 2020, 39 (11)：1 - 12.

［3］ WANG H, YANG Z, SAITO Y, et al. Interannual and seasonal variation of the huanghe (Yellow River) water discharge over the past 50 years：connections to impacts from ENSO events and dams ［J］. Global and planetary change, 2006, 50 (3/4)：212 - 225.

［4］ 邵东国, 刘武艺, 张湘隆. 灌区水资源高效利用调控理论与技术研究进展［J］. 农业工程学报, 2007, 23 (5)：251 - 257.

［5］ 张璇, 郝芳华, 王晓, 等. 河套灌区不同耕作方式下土壤磷素的流失评价［J］. 农业工程学报, 2011, 27 (6)：59 - 65.

［6］ REN D Y, WEI B Y, XU X, et al. Analyzing spatiotemporal characteristics of soil salinity in arid irrigated agro - ecosystems using integrated approaches ［J］. Geoderma：an international journal of soil science, 2019 (356)：113935.

［7］ 曹连海, 吴普特, 赵西宁, 等. 内蒙古河套灌区粮食生产灰水足迹评价［J］. 农业工程学报, 2014, 30 (1)：63 - 72.

［8］ 史海滨, 杨树青, 李瑞平, 等. 内蒙古河套灌区水盐运动与盐渍化防治研究展望［J］. 灌溉排水学报, 2020, 39 (8)：1 - 17.

［9］ WANG G S, SHI H B, LI X Y, et al. A study on water and salt transport, and balance analysis in sand dune - wasteland - lake systems of Hetao oases, upper reaches of the Yellow River basin ［J］. Water, 2020 (12)：3454.

［10］ 杨劲松, 姚荣江, 王相平, 等. 河套平原盐碱地生态治理和生态产业发展模式［J］. 生态学报, 2016, 36 (22)：7059 - 7063.

［11］ 王婧, 逄焕成, 任天志, 等. 地膜覆盖与秸秆深埋对河套灌区盐渍土水盐运动的影响［J］. 农业工程学报, 2012, 28 (15)：52 - 59.

［12］ 孙贯芳, 屈忠义, 杜斌, 等. 不同灌溉制度下河套灌区玉米膜下滴灌水热盐运移规律［J］. 农业工程学报, 2017, 33 (12)：144 - 152.

［13］ 景宇鹏. 土默川平原盐渍化土壤改良前后土壤特性及玉米品种耐盐性研究［D］. 呼和浩特：内蒙古农业大学, 2014.

［14］ ZHAO Y G, LI Y Y, WANG J, et al. Buried straw layer plus plastic mulching reduces soil salinity and increases sunflower yield in saline soils ［J］. Soil and tillage research, 2016 (155)：363 - 370.

［15］ 王国帅, 史海滨, 李仙岳, 等. 河套灌区耕地-荒地-海子间水盐运移规律及平衡分析［J］. 水利学报, 2019, 50 (12)：1518 - 1528.

［16］ LI X M, ZHANG C L, HUO Z L, et al. Optimizing irrigation and drainage by considering agricultural hydrological process in arid farmland with shallow groundwater ［J］. Journal of hydrology, 2020 (585)：124785.

［17］ 高婷婷, 丁建丽, 哈学萍, 等. 基于流域尺度的土壤盐分空间变异特征——以渭干河-库车河流域三角洲绿洲为例［J］. 生态学报, 2010, 30 (10)：2695 - 2705.

［18］ 吕真真, 杨劲松, 刘广明, 等. 黄河三角洲土壤盐渍化与地下水特征关系研究［J］. 土壤学报,

2017, 54 (6): 1377-1385.

[19] 赵其国, 周生路, 吴绍华, 等. 中国耕地资源变化及其可持续利用与保护对策 [J]. 土壤学报, 2006, 43 (4): 662-672.

[20] 李建国, 濮励杰, 朱明, 等. 土壤盐渍化研究现状及未来研究热点 [J]. 地理学报, 2012, 67 (9): 1233-1245.

[21] 王向辉. 西北地区环境变迁与农业可持续发展研究 [D]. 咸阳: 西北农林科技大学, 2012.

[22] 杨劲松. 中国盐渍土研究的发展历程与展望 [J]. 土壤学报, 2008 (5): 837-845.

[23] IBRAHIMI M K, MIYAZAKI T, NISHIMURA T, et al. Contribution of shallow groundwater rapid fluctuation to soil salinization under arid and semiarid climate [J]. Arabian journal of geosciences, 2014, 7 (9): 3901-3911.

[24] 管孝艳, 王少丽, 高占义, 等. 盐渍化灌区土壤盐分的时空变异特征及其与地下水埋深的关系 [J]. 生态学报, 2012, 32 (4): 198-1206.

[25] 徐英, 葛洲, 王娟, 等. 基于指示 Kriging 法的土壤盐渍化与地下水埋深关系研究 [J]. 农业工程学报, 2019, 35 (1): 123-130.

[26] 逄焕成, 李玉义, 于天一, 等. 不同盐胁迫条件下微生物菌剂对土壤盐分及苜蓿生长的影响 [J]. 植物营养与肥料学报, 2011, 17 (6): 1403-1408.

[27] WANG X P, HUANG G H, YANG J S, et al. An assessment of irrigation practices: Sprinkler irrigation of winter wheat in the North China plain [J]. Agricultural water management, 2015 (159): 197-208.

[28] 余根坚. 节水灌溉条件下水盐运移与用水管理模式研究 [D]. 武汉: 武汉大学, 2014.

[29] 李开明, 刘洪光, 石培君, 等. 明沟排水条件下的土壤水盐运移模拟 [J]. 干旱区研究, 2018, 35 (6): 1299-1307.

[30] 陈名媛, 黄介生, 曾文治, 等. 外包土工布暗管排盐条件下水盐运移规律 [J]. 农业工程学报, 2020, 36 (2): 130-139.

[31] 黄亚捷. 土壤属性空间变异与灌区排盐空间配置研究 [D]. 北京: 中国农业大学, 2017.

[32] 王卓然, 赵庚星, 高明秀, 等. 黄河三角洲典型地区春季土壤水盐空间分异特征研究——以垦利县为例 [J]. 农业资源与环境学报, 2015, 32 (2): 154-161.

[33] 王炜明. 基于 GIS 的地统计学方法在土壤科学中的应用 [J]. 中国农学通报, 2007 (5): 404-408.

[34] 袁桂琴, 熊盛青, 孟庆敏, 等. 地球物理勘查技术与应用研究 [J]. 地质学报, 2011, 85 (11): 1744-1805.

[35] 王景雷, 孙景生, 张寄阳, 等. 基于 GIS 和地统计学的作物需水量等值线图 [J]. 农业工程学报, 2004, 20 (5): 51-54.

[36] 史海滨, 陈亚新. 土壤水分空间变异的套合结构模型及区域信息估值 [J]. 水利学报, 1994 (7): 70-77, 89.

[37] 吴春发. 复合污染土壤环境安全预测预警研究——以浙江省富阳市某污染场地为例 [D]. 杭州: 浙江大学, 2008.

[38] MARTÍNEZ-MURILLO J F, HUESO-GONZÁLEZ P, RUIZ-SINOGA J D. Topsoil moisture mapping using geostatistical techniques under different Mediterranean climatic conditions [J]. Science of the total environment, 2017 (595): 400-412.

[39] HENGL T, HEUVELINK G B M, STEIN A. A generic framework for spatial prediction of soil variables based on regression—Kriging [J]. Geoderma: an international journal of soil science, 2004 (120): 75-93.

[40] 朱求安, 张万昌, 余钧辉. 基于 GIS 的空间插值方法研究 [J]. 江西师范大学学报 (自然科学版), 2004, 28 (2): 183-188.

［41］ 史海滨，吴迪，闫建文，等. 盐渍化灌区节水改造后土壤盐分时空变化规律研究［J］. 农业机械学报，2020，51（2）：318-331.

［42］ 窦旭，史海滨，苗庆丰，等. 盐渍化灌区土壤水盐时空变异特征分析及地下水埋深对盐分的影响［J］. 水土保持学报，2019，33（3）：246-253.

［43］ 王国帅，史海滨，李仙岳，等. 河套灌区不同地类盐分迁移估算及与地下水埋深的关系［J］. 农业机械学报，2020，51（8）：255-269.

［44］ WICKE B，SMEETS E，DORNBURG V，et al. The global technical and economic potential of bioenergy from salt-affected soils［J］. Energy and environmental science，2011，4（8）：2669-2681.

［45］ 吕建树，张祖陆，刘洋，等. 日照市土壤重金属来源解析及环境风险评价［J］. 地理学报，2012，67（7）：971-984.

［46］ CHEN H，HUO Z L，ZHANG L，et al. New perspective about application of extended Budyko formula in arid irrigation district with shallow groundwater［J］. Journal of hydrology，2020（582）：124496.

［47］ 郝远远，徐旭，任东阳，等. 河套灌区土壤水盐和作物生长的 HYDRUS-EPIC 模型分布式模拟［J］. 农业工程学报，2015，31（11）：110-116，315.

［48］ LLOYD C D，ATKINSON P M. Assessing uncertainty in estimates with ordinary and indicator Kriging［J］. Computers and geosciences，2001（27）：929-937.

［49］ ARSLAN H. Spatial and temporal mapping of groundwater salinity using ordinary Kriging and indicator Kriging：the case of Bafra Plain，Turkey［J］. Agricultural water management，2012（113）：57-63.

［50］ CHEN H J，LIN Y P，JANG C S，et al. Delineating the hazard zone of multiple soil pollutants by multivariate indicator Kriging and conditioned Latin hypercube sampling［J］. Geoderma：an international journal of soil science，2010（158）：242-251.

［51］ FABIJANCZYK P，ZAWADZKI J. TADEUSZ M. Magnetometric assessment of soil contamination in problematic area using empirical Bayesian and indicator Kriging：a case study in upper Silesia，Poland［J］. Geoderma：an international journal of soil science，2017（308）：69-77.

［52］ CHAKRABORTYS，MAN T，PAULETTE L，et al. Rapid assessment of smelter/mining soil contamination via portable X-ray fluorescence spectrometry and indicator Kriging［J］. Geoderma：an international journal of soil science，2017（306）：108-119.

［53］ LARK R M，FERGUSON R B. Mapping risk of soil nutrient deficiency or excess by disjunctive and indicator Kriging［J］. Geoderma：an international journal of soil science，2004（118）：39-53.

［54］ SAMEH M S，GABRIELE B，ANNAMARIA C. Assessment and mapping od soil salinization risk in an Egyptian field using probabilistic approach［J］. Agronomy，2020，10（1）：85.

［55］ 姚荣江，杨劲松. 黄河三角洲典型地区地下水位与土壤盐分空间分布的指示克立格评价［J］. 农业环境科学学报，2007，26（6）：2118-2124.

［56］ 杨奇勇，杨劲松，李晓明，等. 不同阈值下土壤盐分的空间变异特征研究［J］. 土壤学报，2011，48（6）：1109-1115.

［57］ 杨奇勇，杨劲松，刘广明. 土壤盐分空间异质性的指示克里格阈值研究［J］. 灌溉排水学报，2011，30（3）：72-76.

［58］ 杨奇勇，杨劲松，姚荣江. 不同尺度下土壤盐分空间变异的指示克里格评价［J］. 土壤，2011，43（6）：998-1003.

［59］ 杨奇勇，杨劲松，余世鹏. 禹城市耕地土壤盐分与有机质的指示克里格分析［J］. 生态学报，2011，31（8）：2196-2202.

［60］ 周在明，张光辉，王金哲，等. 环渤海低平原区土壤盐渍化风险的多元指示克立格评价［J］. 水利学报，2011，42（10）：1144－1151.

［61］ 徐英，陈亚新，王俊生，等. 农田土壤水分和盐分空间分布的指示克立格分析评价［J］. 水科学进展，2006（4）：477－482.

［62］ 刘全明，陈亚新，魏占民，等. 土壤水盐空间变异性指示克立格阈值及其与有关函数的关系［J］. 水利学报，2009，40（9）：1127－1134.

［63］ 李仙岳，崔佳琪，史海滨，等. 基于指示 Kriging 的土壤盐渍化风险与地下水环境分析［J］. 农业机械学报，2021，52（8）：297－306.

［64］ JIANG Y，XU X，HUANG Q Z，et al. Optimizing regional irrigation water use by integrating a two－level optimization model and an agro－hydrological model［J］. Agricultural water management，2016（178）：76－88.

［65］ 郝远远. 内蒙古河套灌区水文过程模拟与作物水分生产率评估［D］. 北京：中国农业大学，2015.

［66］ XIONG L Y，XU X，BERNARD E，et al. Modeling agro－hydrological processes and analyzing water use in a super－large irrigation district（Hetao）of arid upper Yellow River basin［J］. Journal of hydrology，2021（603）：127014.

［67］ 郝韶楠，李叙勇，杜新忠，等. 平原灌区农田养分非点源污染研究进展［J］. 生态环境学报，2015，24（7）：1235－1244.

［68］ 王少丽，王兴奎，许迪. 农业非点源污染预测模型研究进展［J］. 农业工程学报，2007（5）：265－271.

［69］ 任东阳. 灌区多尺度农业与生态水文过程模拟［D］. 北京：中国农业大学，2018.

［70］ 罗毅，郭伟. 作物模型研究与应用中存在的问题［J］. 农业工程学报，2008（5）：307－312.

［71］ 杨大文，雷慧闽，丛振涛. 流域水文过程与植被相互作用研究现状评述［J］. 水利学报，2010，41（10）：1142－1149.

［72］ 王中根，刘昌明，吴险峰. 基于 DEM 的分布式水文模型研究综述［J］. 自然资源学报，2003（2）：168－173.

［73］ WU Y，LIU T X，PAREDES P，et al. Ecohydrology of groundwater - dependent grasslands of the semi - arid Horqin sandy land of inner Mongolia focusing on evapotranspiration partition［J］. Ecohydrology，2016，9（6）：1052－1067.

［74］ ZHENG H X，LI H P，ZHANG S，et al. Study Optimization Irrigation Schedule of Winter Wheat in Hetao Irrigation District［J］. Applied Mechanics & Materials，2014，3488（641－642）：217－221.

［75］ FORTES P S，PLATONOV A E，PEREIRA L S. GISAREG—a GIS based irrigation scheduling simulation model to support improved water use［J］. Agricultural water management，2005，77（1－3）：159－179.

［76］ 朱丽，史海滨，王宁，等. 基于 ISAREG 模型的小麦间作玉米优化灌溉制度研究［J］. 灌溉排水学报，2012，31（4）：26－31.

［77］ JIA Q S，LI H B，MIAO R P，et al. Evaporation of maize crop under mulch film and soil covered drip irrigation：field assessment and modelling on West Liaohe plain，China［J］. Agricultural water management，2021（253）：106894.

［78］ ZHANG H M，HUANG G H，XU X，et al. Estimating evapotranspiration of processing tomato under plastic mulch using the SIMDualKc model［J］. Water，2018，10（8）：1088.

［79］ 靳晓辉. 灌溉方式变化对半干旱农牧交错带地下水的影响研究［D］. 北京：中国水利水电科学研究院，2019.

［80］ 刘丽娟，李小玉. 干旱区土壤盐分积累过程研究进展［J］. 生态学杂志，2019，38（3）：891－898.

［81］ 陈海心，孙本华，冯浩，等. 应用 DNDC 模型模拟关中地区农田长期施肥条件下土壤碳含量及作物产量［J］. 农业环境科学学报，2014，33（9）：1782－1790.

［82］ HAWARY A, ATTA Y, SAADI A. Assessment of the DRAINMOD－N Ⅱ model for simulating nitrogen losses in newly reclaimed lands of Egypt［J］. Alexandria engineering journal, 2015, 54 (4)：1305－1313.

［83］ 罗纨，贾忠华，SKAGGS R W，等. 利用 DRAINMOD 模型模拟银南灌区稻田排水过程［J］. 农业工程学报，2006，22（9）：53－57.

［84］ TIAN S Y. Testing DRAINMOD－FOREST for predicting evapotranspiration in a mid－rotation pine plantation［J］. Foerst ecology & management, 2015, 355 (1)：37－47.

［85］ 窦旭. 河套灌区暗管排水排盐有效性评价与土壤水肥盐时空变异规律研究［D］. 呼和浩特：内蒙古农业大学，2020.

［86］ 陈艳梅，王少丽，高占义，等. 基于 SALTMOD 模型的灌溉水矿化度对土壤盐分的影响［J］. 灌溉排水学报，2012，31（3）：11－16.

［87］ 陈艳梅，王少丽，高占义，等. 不同灌溉制度对根层土壤盐分影响的模拟［J］. 排灌机械工程学报，2014，32（3）：263－270.

［88］ MAO W, YANG J Z, ZHU Y, et al. Loosely coupled SaltMod for simulating groundwater and salt dynamics under well－canal conjunctive irrigation in semi－arid areas［J］. Agricultural water management, 2017 (192)：209－220.

［89］ EISHOEEI E, NAZARNEJAD H, MIRYAGHOUBZADEH M. Temporal soil salinity modeling using SaltMod model in the west side of Urmia hyper saline lake, Iran［J］. Catena, 2019 (176)：306－314.

［90］ CHANG S C. Modelling long－term soil salinity dynamics using Saltmod in Hetao irrigation district, China［J］. Computers and electronics in agriculutre, 2019 (156)：447－458.

［91］ 胡立堂，王忠静，赵建世，等. 地表水和地下水相互作用及集成模型研究［J］. 水利学报，2007（1）：54－59.

［92］ 李山，罗纨，贾忠华，等. 基于 DRAINMOD 模型估算灌区浅层地下水利用量及盐分累积［J］. 农业工程学报，2015，31（22）：89－97.

［93］ YAO R J, YANG J S, ZHANG T J, et al. Studies on soil water and salt balances and scenarios simulation using SaltMod in a coastal reclaimed farming area of eastern China［J］. Agricultural water management, 2014 (131)：115－123.

［94］ 魏占民. 干旱区作物—水分关系与田间灌溉水有效性的 SWAP 模型模拟研究［D］. 呼和浩特：内蒙古农业大学，2003.

［95］ 杨树青，杨金忠，史海滨，等. 干旱区微咸水灌溉对地下水环境影响的研究［J］. 水利学报，2007（5）：565－574.

［96］ 杨树青，杨金忠，史海滨，等. 干旱区微咸水灌溉的水－土环境效应预测研究［J］. 水利学报，2008（7）：854－862.

［97］ 王相平，杨劲松，姚荣江，等. 苏北滩涂水稻微咸水灌溉模式及土壤盐分动态变化［J］. 农业工程学报，2014，30（7）：54－63.

［98］ ZHAO Y, MAO X, SHUKLA M K. A modified SWAP model for soil water and heat dynamics and seed－maize growth under film mulching［J］. Agricultural and forrest meteorology, 2020 (292－293)：108127.

［99］ 李亮. 内蒙古河套灌区耕荒地间土壤水盐运移规律研究［D］. 呼和浩特：内蒙古农业大学，2008.

［100］ 李亮，史海滨，贾锦凤，等. 内蒙古河套灌区荒地水盐运移规律模拟［J］. 农业工程学报，

2010, 26 (1): 31 - 35.

[101] 余根坚, 黄介生, 高占义. 基于 HYDRUS 模型不同灌水模式下土壤水盐运移模拟 [J]. 水利学报, 2013, 44 (7): 826 - 834.

[102] XU X, KALHORO S A, CHEN W Y, et al. The evaluation/application of Hydrus - 2D model for simulating macro - pores flow in loess soil [J]. International soil and water conservation research, 2017, 3 (5): 196 - 201.

[103] 王国帅, 史海滨, 李仙岳, 等. 基于 HYDRUS - 1D 模型的荒漠绿洲水盐运移模拟与评估 [J]. 农业工程学报, 2021, 37 (8): 87 - 98.

[104] 张娜. 生态学中的尺度问题: 内涵与分析方法 [J]. 生态学报, 2006 (7): 2340 - 2355.

[105] 郭瑞, 冯起, 司建华, 等. 土壤水盐运移模型研究进展 [J]. 冰川冻土, 2008, 30 (3): 527 - 534.

[106] KANZARI S, NOUNA B B, MARIEM S B, et al. Hydrus - 1D model calibration and validation in various field conditions for simulating water flow and salts transport in a semi - arid region of Tunisia [J]. Sustainable environment research, 2018, 6 (28): 350 - 356.

[107] 刘钰, 彭致功. 区域蒸散发监测与估算方法研究综述 [J]. 中国水利水电科学研究院学报, 2009, 7 (2): 96 - 104.

[108] 马欢, 杨大文, 雷慧闽, 等. Hydrus - 1D 模型在田间水循环规律分析中的应用及改进 [J]. 农业工程学报, 2011, 27 (3): 6 - 12.

[109] 齐学斌, 黄仲冬, 乔冬梅, 等. 灌区水资源合理配置研究进展 [J]. 水科学进展, 2015, 26 (2): 287 - 295.

[110] 谢先红, 崔远来, 代俊峰, 等. 农业节水灌溉尺度分析方法研究进展 [J]. 水利学报, 2007 (8): 953 - 960.

[111] 查元源. 饱和—非饱和水流运动高效数值算法研究及应用 [D]. 武汉: 武汉大学, 2014.

[112] WEN Y, SHANG S, RAHMAN K U, et al. A semi - distributed drainage model for monthly drainage water and salinity simulation in a large irrigation district in arid region [J]. Agricultural water management, 2020 (230): 105962.

[113] MOLLE F, GAAFAR I, AGHA D E, et al. The Nile delta's water and salt balances and implications for management [J]. Agricultural water management, 2018 (197): 110 - 121.

[114] 岳卫峰, 杨金忠, 高鸿渐, 等. 内蒙河套灌区义长灌域水均衡分析 [J]. 灌溉排水学报, 2004, 23 (6): 25 - 28.

[115] 贾书惠, 岳卫峰, 王金生, 等. 内蒙古义长灌域近 20 年地下水均衡分析 [J]. 北京师范大学学报 (自然科学版), 2013, 49 (Z1): 243 - 245.

[116] 秦大庸, 于福亮, 裴源生. 宁夏引黄灌区耗水量及水均衡模拟 [J]. 资源科学, 2003, 25 (6): 19 - 24.

[117] 武夏宁, 王修贵, 胡铁松, 等. 河套灌区蒸散发分析及耗水机制研究 [J]. 灌溉排水学报, 2006, 25 (3): 1 - 4.

[118] 任东阳, 徐旭, 黄冠华. 河套灌区典型灌排单元农田耗水机制研究 [J]. 农业工程学报, 2019, 35 (1): 98 - 105.

[119] MACHIWAL D, JHA K. GIS - based water balance modeling for estimating regional specific yield and distributed recharge in data - scarce hard - rock regions [J]. Journal of hydro - environment research, 2015 (9): 554 - 568.

[120] 代俊峰, 崔远来. 灌溉水文学及其研究进展 [J]. 水科学进展, 2008 (2): 294 - 300.

[121] REN D Y, XU X, ENGEL B, et al. Growth responses of crops and natural vegetation to irrigation and water table changes in an agro - ecosystem of Hetao, upper Yellow River basin: scenario analysis on maize, sunflower, watermelon and tamarisk [J]. Agricultural water management, 2018

(199)：93－104.

[122] 刘庄，晁建颖，张丽，等. 中国非点源污染负荷计算研究现状与存在问题 [J]. 水科学进展，2015，26（3）：432－442.

[123] 王维刚，史海滨，李仙岳，等. 遥感订正作物种植结构数据对提高灌区 SWAT 模型精度的影响 [J]. 农业工程学报，2020，36（17）：158－166.

[124] XIONG L Y, XU X, ENGEL B, et al. Predicting agroecosystem responses to identify appropriate water－saving management in arid irrigated regions with shallow groundwater：realization on a regional scale [J]. Agricultural water management, 2021 (247)：106713.

[125] 郭军庭，张志强，王盛萍，等. 应用 SWAT 模型研究潮河流域土地利用和气候变化对径流的影响 [J]. 生态学报，2014，34（6）：1559－1567.

[126] XIONG L Y, XU X, REN D Y, et al. Enhancing the capability of hydrological models to simulate the regional agro－hydrological processes in watersheds with shallow groundwater：based on the SWAT framework [J]. Journal of hydrology, 2019 (572)：1－16.

[127] 郑倩. 解放闸灌域作物—水土环境关系及灌溉制度优化 [D]. 呼和浩特：内蒙古农业大学，2021.

[128] 徐旭，黄冠华，屈忠义，等. 区域尺度农田水盐动态模拟模型——GSWAP [J]. 农业工程学报，2011，27（7）：58－63.

[129] HUANG Y J, MA Y B, ZHANG S W, et al. Optimum allocation of salt discharge areas in land consolidation for irrigation districts by SahysMod [J]. Agricultural water management, 2021 (256)：107060.

[130] 栾晓波. 基于水文过程的作物生产水足迹量化方法研究——以河套灌区为例 [D]. 北京：中国科学院大学，2018.

[131] 李昭阳. 多源遥感数据支持下的松嫩平原生态环境变化研究 [D]. 长春：吉林大学，2006.

[132] 李宗南，陈仲新，王利民，等. 基于小型无人机遥感的玉米倒伏面积提取 [J]. 农业工程学报，2014，30（19）：207－213.

[133] 白亮亮，蔡甲冰，刘钰，等. 灌区种植结构时空变化及其与地下水相关性分析 [J]. 农业机械学报，2016，47（9）：202－211.

[134] 孙亚楠，李仙岳，史海滨，等. 基于多源数据融合的盐分遥感反演与季节差异性研究 [J]. 农业机械学报，2020，51（6）：169－180.

[135] 黄晓荣. 灌区水循环模拟研究进展 [J]. 水资源与水工程学报，2010，21（2）：53－55.

[136] 王海江，石建初，张花玲，等. 不同改良措施下新疆重度盐渍土壤盐分变化与脱盐效果 [J]. 农业工程学报，2014，30（22）：102－111.

[137] 唐双成，罗纨，许青，等. 基于 DRAINMOD 模型的雨水花园运行效果影响因素 [J]. 水科学进展，2018，29（3）：407－414.

[138] 刘虎俊，王继和，杨自辉，等. 干旱区盐渍化土地工程治理技术研究 [J]. 中国农学通报，2005（4）：329－333.

[139] 张密密，陈诚，刘广明，等. 适宜肥料与改良剂改善盐碱土壤理化特性并提高作物产量 [J]. 农业工程学报，2014，30（10）：91－98.

[140] 王凡，屈忠义. 生物炭对盐渍化农田土壤的改良效果研究进展 [J]. 北方农业学报，2018，46（5）：68－75.

[141] HORÁK J, IMANSK V, DUAN I. Biochar and biochar with N fertilizer impact on soil physical properties in a silty loam haplic luvisol [J]. Journal of ecological engineering, 2019, 7 (20)：31－38.

[142] 付国珍，摆万奇. 耕地质量评价研究进展及发展趋势 [J]. 资源科学，2015，37（2）：226－236.

[143] 李冬顺，杨劲松，姚荣江. 生态风险分析用于苏北滩涂土壤盐渍化风险评估研究 [J]. 土壤学

报，2010，47（5）：857-864.

[144] 雷志栋，杨诗秀，胡和平，等. 区域水资源平衡分析——干旱、半干旱地区水资源平衡分析问题讨论（2）[J]. 水利规划设计，2001（3）：11-15，19.

[145] 董新光，姜卉芳，邓铭江，等. 内陆盆地的盐分布与平衡分析研究 [J]. 水科学进展，2005（5）：638-642.

[146] KHOURI N. Potential of dry drainage for controlling soil salinity [J]. Canada journal of civil engineering，1998，25（2）：195-205.

[147] WANG C S，WU J W，ZENG W Z，et al. Five-year experimental study on effectiveness and sustainability of a dry drainage system for controlling soil salinity [J]. Water，2019，11（1）：111.

[148] 王学全，高前兆，卢琦，等. 内蒙古河套灌区水盐平衡与干排水脱盐分析 [J]. 地理科学，2006，26（4）：4455-4460.

[149] WU J W，ZHAO L R，HUANG J S，et al. On the effectiveness of dry drainage in soil salinity control [J]. Science in China series E：technological sciences，2009，52（11）：3328-3334.

[150] 岳卫峰，杨金忠，童菊秀，等. 干旱地区灌区水盐运移及平衡分析 [J]. 水利学报，2008，39（5）：623-626，632.

[151] 王国帅，史海滨，李仙岳，等. 河套灌区耕地-荒地-海子系统间不同类型水分运移转化 [J]. 水科学进展，2020，31（6）：832-842.

[152] 于兵，蒋磊，尚松浩. 基于遥感蒸散发的河套灌区旱排作用分析 [J]. 农业工程学报，2016，32（18）：1-8.

[153] REN D Y，XU X，HAO Y Y，et al. Modeling and assessing field irrigation water use in a canal system of Hetao，upper Yellow River basin：application to maize，sunflower and watermelon [J]. Journal of hydrology，2016（532）：122-139.

[154] 黄亚捷，李贞，卓志清，等. 用 SahysMod 模型研究不同灌排管理情景土壤水盐动态 [J]. 农业工程学报，2020，36（11）：129-140.

[155] 陈小兵，杨劲松，杨朝晖，等. 渭干河灌区灌排管理与水盐平衡研究 [J]. 农业工程学报，2008（4）：59-65.

[156] XU X，HUANG G H，SUN C，et al. Assessing the effects of water table depth on water use，soil salinity and wheat yield：searching for a target depth for irrigated areas in the upper Yellow River basin [J]. Agricultural water management，2013（125）：46-60.

[157] 潘延鑫，罗纨，贾忠华，等. 基于 HYDRUS 模型的盐碱地土壤水盐运移模拟 [J]. 干旱地区农业研究，2017，35（1）：135-142.

[158] 姚荣江，杨劲松，邹平，等. 基于电磁感应仪的田间土壤盐渍度及其空间分布定量评估 [J]. 中国农业科学，2008（2）：460-469.

[159] 薛静. 应用农业水文模型研究内蒙古河套灌区主要作物水分生产力及种植结构 [D]. 北京：中国农业大学，2016.

[160] XU C，TIAN J，WANG G，et al. Dynamic simulation of soil salt transport in arid irrigation areas under the HYDRUS-2D based rotation irrigation mode [J]. Water resources management，2019，33（10）：3499-3512.

[161] OOSTERBAAN R J. SahysMod，description of principles，user manual and case studies [M]. Wageningen：International Institute for Land Reclamation and Improvement（ILRI），2005.

[162] 翟中民，史文娟，郭建忠，等. 基于 SaltMod 模型的河套灌区解放闸灌域土壤盐分综合调控措施 [J]. 水土保持学报，2021，35（1）：314-318，325.

[163] MAN S，BHATTACHARYA A K，SINGH A K. Application of SALTMOD in coastal clay soil in India [J]. Irrigation & drainage systems，2002，16（3）：213-231.

[164] SINGH A, PANDA S N. Integrated salt and water balance modeling for the management of water-logging and salinization. Ⅱ: application of SahysMod [J]. Journal of irrigation and drainage engineering, 2012, 138 (11): 964 – 971.

[165] INAM A, ADAMOWSKI J, HALBE J, et al. Coupling of a distributed stakeholder – built system dynamics socio – economic model with SahysMod for sustainable soil salinity management part Ⅰ: model development [J]. Journal of hydrology, 2017 (551): 596 – 618.

[166] YAO R, YANG J, WU D, et al. Calibration and sensitivity analysis of SahysMod for modeling field soil and groundwater salinity dynamics in coastal rainfed farmland [J]. Irrigation and drainage, 2017, 66 (3): 411 – 427.

[167] YAO R, YANG J, WU D, et al. Scenario simulation of field soil water and salt balances using SahysMod for salinity management in a coastal rainfed farmland [J]. Irrigation and drainage, 2017, 66 (5): 872 – 883.

[168] GUAN X. Simulation of water and salt dynamics under different water – saving degrees using the SAHYSMOD model [J]. Water, 2021 (13): 1939.

[169] 赵永敢, 逢焕成, 李玉义, 等. 秸秆隔层对盐碱土水盐运移及食葵光合特性的影响 [J]. 生态学报, 2013, 33 (17): 5153 – 5161.

[170] 成萧尧, 毛威, 朱焱, 等. 基于 Saltmod 的河套灌区节水条件下地下水动态变化分析 [J]. 节水灌溉, 2020 (2): 73 – 79.

[171] 姜瑶. 黑河中游绿洲多尺度农业水文过程及用水效率的模拟分析与优化调控研究 [D]. 北京: 中国农业大学, 2017.

[172] REN D Y, XU X, ENGEL B, et al. A comprehensive analysis of water productivity in natural vegetation and various crops coexistent agro – ecosystems [J]. Agricultural water management, 2021 (243): 106481.

[173] 王国帅. 河套灌区不同地类间水盐运移规律及盐分重分布研究 [D]. 呼和浩特: 内蒙古农业大学, 2021.

[174] 张利敏. 河套灌区农区—非农区盐分迁移试验与模拟研究 [D]. 北京: 中国地质大学, 2019.

[175] 管孝艳, 王少丽, 高占义, 等. 基于多变量时间序列 CAR 模型的地下水埋深预测 [J]. 农业工程学报, 2011, 27 (7): 64 – 69.

[176] 童文杰, 陈中督, 陈阜, 等. 河套灌区玉米耐盐性分析及生态适宜区划分 [J]. 农业工程学报, 2012, 28 (10): 131 – 137.

[177] 武雪萍, 蔡典雄, 梅旭荣, 等. 黄河流域农业水资源与水环境问题及技术对策 [J]. 生态环境学报, 2007 (1): 248 – 252.

[178] 戴佳信, 史海滨, 田德龙, 等. 内蒙古河套灌区主要粮油作物系数的确定 [J]. 灌溉排水学报, 2011, 30 (3): 23 – 27.

[179] 闫浩芳, 史海滨, 薛铸, 等. 内蒙古河套灌区 ET₀ 不同计算方法的对比研究 [J]. 农业工程学报, 2008 (4): 103 – 106.

[180] 雷志栋, 胡和平, 杨诗秀. 土壤水研究进展与评述 [J]. 水科学进展, 1999 (3): 311 – 318.

[181] 杨玉玲, 文启凯, 田长彦, 等. 土壤空间变异研究现状及展望 [J]. 干旱区研究, 2001 (2): 50 – 55.

[182] 岳卫峰, 孟恺恺, 侯凯旋, 等. 河套灌区地下水埋深时空变异特征及其影响因素 [J]. 南水北调与水利科技, 2019, 17 (5): 81 – 89.

[183] XU X, HUANG G H, QU Z, et al. Assessing the groundwater dynamics and impacts of water saving in the Hetao irrigation district, Yellow River basin [J]. Agricultural water management, 2010 (98): 301 – 313.

[184] 李瑞平, 史海滨, 赤江刚夫, 等. 基于水热耦合模型的干旱寒冷地区冻融土壤水热盐运移规律

研究 [J]. 水利学报, 2009, 40 (4): 403 - 412.

[185] 徐小波, 周和平, 王忠, 等. 干旱灌区有效降雨量利用率研究 [J]. 节水灌溉, 2010 (12): 44 - 46, 50.

[186] JIE Z, HEYDEN J V, BENDEL D, et al. Combination of soil – water balance models and water – table fluctuation methods for evaluation and improvement of groundwater recharge calculations [J]. Hydrogeology journal, 2011, 19 (8): 1487 - 1502.

[187] 杨玉峥, 林青, 王松禄, 等. 大沽河中游地区土壤水与浅层地下水转化关系研究 [J]. 土壤学报, 2015, 52 (3): 547 - 557.

[188] 宫兆宁, 宫辉力, 邓伟, 等. 浅埋条件下地下水-土壤-植物-大气连续体中水分运移研究综述 [J]. 农业环境科学学报, 2006 (S1): 365 - 373.

[189] 王水献, 董新光, 吴彬, 等. 干旱盐渍土区土壤水盐运动数值模拟及调控模式 [J]. 农业工程学报, 2012, 28 (13): 142 - 148.

[190] 陈亚新, 史海滨, 田存旺. 地下水与土壤盐渍化关系的动态模拟 [J]. 水利学报, 1997 (5): 35, 77 - 83.

[191] 徐英. 土壤水盐时空变异的稳健性分析和条件模拟研究 [D]. 呼和浩特: 内蒙古农业大学, 2002.

[192] 杜军, 杨培岭, 李云开, 等. 河套灌区年内地下水埋深与矿化度的时空变化 [J]. 农业工程学报, 2010, 26 (7): 26 - 31, 391.

[193] 张仁铎. 空间变异理论及应用 [M]. 北京: 科学出版社, 2006.

[194] 侯景儒. 指示克立格法的理论及方法 [J]. 地质与勘探, 1990, 26 (3): 28 - 36.

[195] BRUS D J, GRUIJTER J J, WALVOORT D J J, et al. Mapping the probability of exceeding critical. thresholds for cadmium concentrations in soils in the Netherlands [J]. Journal of environmental quality, 2002 (31): 1875 - 1884.

[196] 龚雪文, 李仙岳, 史海滨, 等. 番茄、玉米套种膜下滴灌条件下农田地温变化特征 [J]. 生态学报, 2015, 35 (2): 489 - 496.

[197] GOOVAERTS M V M. Evaluating the probability of exceeding a site – specific soil cadmium contamination threshold [J]. Geoderma: an international journal of soil science, 2001, 102: 75 - 100.

[198] 王遵亲, 祝寿泉, 俞仁培, 等. 中国盐渍土 [M]. 北京: 科学出版社, 1993.

[199] 鲁如坤. 土壤农业化学分析方法 [M]. 北京: 中国农业科技出版社, 2020.

[200] WANG Y Q, ZHANG X C, HUANG C Q. Spatial variability of soil total nitrogen and soil phosphorus under different land uses in a small wastershed on the Loess Plateau, China [J]. Geoderma: an international journal of soil science, 2009, 150 (1/2): 141 - 149.

[201] 刘全明, 成秋明, 王学, 等. 河套灌区土壤盐渍化微波雷达反演 [J]. 农业工程学报, 2016, 32 (16): 109 - 114.

[202] GOOVAERTS P. Geostatistics in soil science: sate – of – the – art and perpectives [J]. Geoderma: an international journal of soil science, 1999 (89): 1 - 45.

[203] BENSLAMA A, KHANCHOUL K, BENBRAHIM F, et al. Monitoring the variations of soil salinity in a palm grove in southern Algeria [J]. Sustainability, 2020, 12 (15): 6117.

[204] 云安萍, 鞠正山, 胡克林, 等. 基于距离反比法的土壤盐分三维空间插值研究 [J]. 农业机械学报, 2015, 46 (12): 148 - 156, 172.

[205] 杨奇勇, 谢运球, 罗为群, 等. 基于地统计学的土壤重金属分布与污染风险评价 [J]. 农业机械学报, 2017, 48 (12): 248 - 254.

[206] 化蹇寂, 冯绍元, 葛洲, 等. 河套灌区典型区周年内耕层土壤盐分时空变异研究 [J]. 灌溉排水学报, 2020, 39 (8): 26 - 34.

［207］ 李彬，史海滨，张建国，等. 基于多元指示克立格方法的土壤盐分空间分布评价 ［J］. 节水灌溉，2010 （5）：31－34.

［208］ REN D Y, XU X, HAO Y Y, et al. Modeling and assessing field irrigation water use in a canal system of Hetao, upper Yellow River basin：application to maize, sunflower and watermelon ［J］. Journal of hydrology, 2016 （532）：122－139.

［209］ MIAO Q F, SHI H B, GONCALVES J M, et al. Field assessment of basin irrigation performance and water saving in Hetao, Yellow River basin：issues to support irrigation systems modernisation ［J］. Biosystem engineering, 2015 （136）：102－116.

［210］ PERERIA L S, GONCALVES J M, DONG B, et al. Assessing basin irrigation and scheduling strategies for saving irrigation and controlling salinity in the upper Yellow River basin, China ［J］. Agricultural water management, 2007 （93）：109－122.

［211］ 郝芳华，孙铭泽，张璇，等. 河套灌区土壤水和地下水动态变化及水平衡研究 ［J］. 环境科学学报，2013, 33 （3）：771－779.

［212］ BAI L L, CAI J B, LIU Y, et al. Responses of field evapotranspiration to the changes of cropping pattern and groundwater depth in large irrigation district of Yellow River Basin ［J］. Agricultural water management, 2017 （188）：1－11.

［213］ SOPHOCLEOUS M. The role of specific yield in groundwater recharge estimations：a numerical study ［J］. Groundwater, 1985, 23 （1）：52－58.

［214］ 张蔚榛，张瑜芳. 土壤释水性和给水度数值模拟的初步研究 ［J］. 水文地质工程地质，1983，（5）：18－28.

［215］ 雷志栋，谢森传，杨诗秀，等. 土壤给水度的初步研究 ［J］. 水利学报，1984 （5）：18－28.

［216］ 樊引琴，蔡焕杰. 单作物系数法和双作物系数法计算作物需水量的比较研究 ［J］. 水利学报，2002 （3）：50－54.

［217］ ALLEN R G, PEREIRA L S, RAES D, et al. Crop evapotranspiration, guidelines for computing crop water requirements ［M］. Rome：Food and Agriculture Organization of the United Nations, 1998.

［218］ PHOGAT V, SIMUNEK J, SKEWES M A, et al. Improving the estimation of evaporation by the FAO－56 dual crop coefficient approach under subsurface drip irrigation ［J］. Agricultural water management, 2016：189－200.

［219］ HSIAO T C, HENG L, STEDUTO P, et al. AquaCrop—the FAO model to simulate yield response to water：Ⅲ. paramenterization and testing for maize ［J］. Agronomy journal, 2009 （101）：448－459.

［220］ YIN Y H, WU S H, ZHENG D, et al. Radiation calibration of FAO56 Penman－Monteith model to estimate reference crop evapotranspiration in China ［J］. Agricultural water management, 2008 （95）：77－84.

［221］ PAREDES P, PERREIA L S, RODRIGUES G C, et al. Using the fao dual crop coefficient approach to model water use and productivity of processing pea (Pisum sativum L.) as influenced by irrigation strategies ［J］. Agricultural water management, 2017 （189）：5－18.

［222］ 阮本清，张仁铎，李会安. 河套灌区水平衡机制及耗水量研究 ［M］. 北京：科学出版社，2013.

［223］ 王伦平，陈亚新，曾国芳. 内蒙古河套灌区灌溉排水与盐碱化防治 ［M］. 北京：水利电力出版社，1993.

［224］ 屈忠义，杨晓，黄永江，等. 基于 Horton 分形的河套灌区渠系水利用效率分析 ［J］. 农业工程学报，2015, 31 （13）：120－127.

［225］ 高峰，赵竞成，许建中，等. 灌溉水利用系数测定方法研究 ［J］. 灌溉排水学报，2004, 23

(1)：14 - 20.

[226] ZHANG W C，SHI H B，LI Z，et al. Redistribution mechanism for irrigation water and salinity in typical irrigation and drainage unit in the Hetao irrigation district，China [J]. Journal of irrigation and drainage engineering，2022，148 (7)：04022021.

[227] KONUKCU F，GOWING J W，ROSE D A. Dry drainage：a sustainable solution to waterlogging and salinity problems in irrigation areas? [J]. Agricultural water management，2007，83 (1/2)：1 - 12.

[228] 姬祥祥，徐芳，刘美含，等. 土壤水基质势膜下滴灌春玉米生长和耗水特性研究 [J]. 农业机械学报，2018，49 (11)：230 - 239.

[229] MIAO Q F，ROSA R，SHI H B，et al. Modeling water use，transpiration and soil evaporation of spring wheat - maize and spring wheat - sunflower relay intercropping using the dual crop coefficient approach [J]. Agricultural water management，2016 (165)：211 - 229.

[230] WICHELNS D，QADIR M. Achieving sustainable irrigation requires effective management of salts，soil salinity，and shallow groundwater [J]. Agricultural water management，2015 (157)：31 - 38.

[231] LU X H，LI R P，SHI H B，et al. Successive simulations of soil water - heat - salt transport in one whole year of agricultural after different mulching treatments and autumn irrigation [J]. Geoderma：an international journal of soil science，2019 (344)：99 - 107.

[232] 郭姝姝. 基于遥感及 CLUE - S 模型的内蒙古河套灌区土壤盐渍化时空演变与调控研究 [D]. 北京：中国水利水电科学研究院，2018.

[233] REN D Y，XU X，HUANG Q Z，et al. Analyzing the role of shallow groundwater systems in the water use of different land - use types in arid irrigated regions [J]. Water，2018 (10)：634.

[234] 史海滨，郭珈玮，周慧，等. 灌水量和地下水调控对干旱地区土壤水盐分布的影响 [J]. 农业机械学报，2020，51 (4)：268 - 278.

[235] 冯绍元，蒋静，霍再林，等. 基于 SWAP 模型的春小麦咸水非充分灌溉制度优化 [J]. 农业工程学报，2014，30 (9)：66 - 75.

[236] 常晓敏. 河套灌区水盐动态模拟与可持续性策略研究 [D]. 北京：中国水利水电科学研究院，2019.